U0040138

世茂出版有限公司
世潮出版有限公司
智富出版有限公司

数学ガールの物理ノート／
ニュートン力学

數學女孩
物理筆記
牛頓力學

日本數學會出版貢獻獎得主
結城浩———— 著
臺灣大學物理系教授
朱士維———— 審訂
師大附中物理科代理教師
李荐軒———— 審訂
陳朕疆———— 譯

獻給你

　　本書記錄了由梨、蒂蒂、米爾迦以及「我」共四人的物理
學雜談。

　　請仔細傾聽她們對話。即使不明白她們在討論些什麼，或
者不瞭解算式的意義，也可以先擱置這些疑問，繼續閱讀下去。

　　如此一來，您將在不知不覺中成為物理雜談的一員。

登場人物介紹

「我」

    高中生，本書的敘事者。

    喜歡數學，尤其是數學式。

由梨

    國中生，「我」的表妹。

    綁著栗色馬尾，喜歡邏輯思考。

蒂蒂

    「我」的高中學妹。是位充滿活力的「元氣少女」。

    俏麗短髮及閃亮亮的大眼是她的一大魅力。

米爾迦

    「我」的同班同學，對數學總是能侃侃而談的「數學才女」。

    有一頭烏黑亮麗的長髮，戴著金屬框眼鏡。

瑞谷老師

    在「我」就讀的高中管理圖書館的老師。

C O N T E N T S

獻給你──iii
序章──ix

第1章　丟球──1

1.1　由梨的疑問──1
1.2　為什麼有這個疑問？──3
1.3　伽利略的實驗──4
1.4　科學與實驗──15
1.5　朝水平方向丟球的實驗──19
1.6　水平方向與垂直方向──26
1.7　再次面對由梨的疑問──32
1.8　牛頓運動方程式──33
　　●第1章的問題──41

第2章　牛頓運動方程式──45

2.1　力與加速度成正比──45
2.2　質量──47
2.3　力──49
2.4　由「速度」求出「位置」──53
2.5　「力」→「加速度」→「速度」→「位置」
　　　──59
2.6　函數──61
2.7　不管哪個時間點都成立──62
2.8　不管哪個方向都成立──64
2.9　丟球──66
2.10　列出兩條牛頓運動方程式──81
2.11　x方向：「力」→「加速度」──81

2.12　x方向：「加速度」→「速度」——84

2.13　x方向：「速度」→「位置」——86

2.14　y方向：「力」→「加速度」——88

2.15　y方向：「加速度」→「速度」——90

2.16　y方向：「速度」→「位置」——93

2.17　由梨的疑問——99

　　　●第 2 章的問題——102

第 3 章　萬有引力定律——109

3.1　在高中——109

3.2　萬有引力定律——115

3.3　人為決定的座標軸——120

3.4　積分——124

3.5　物理學與數學的界線——126

3.6　不只是為了標出位置——130

3.7　丟出去的球回到原處的時間點——135

3.8　丟出去的球回到原處的速度——137

3.9　丟出去的球可以飛到多高——140

3.10　求出速度的最大值——145

　　　●第 3 章的問題——151

第 4 章　力學能守恆定律——153

4.1　力學能守恆定律——153

4.2　動能——154

4.3　位能——156

4.4　力學能——158

4.5　求出速度——162

4.6　求出位置——167

4.7　這是新的物理定律嗎——170

4.8　米爾迦──171

4.9　想要證明──173

4.10　想要發現──179

4.11　想要自然地發現──183

4.12　想要更自然地發現──187

　　●第 4 章的問題──190

第 5 章　　飛出宇宙──193

5.1　乘上 m 的意思──193

5.2　把焦點放在位能──194

5.3　功──199

5.4　把焦點放在動能──203

5.5　功能原理──211

5.6　另一條路徑──214

5.7　力與位移方向不同時的功──217

5.8　力隨時間改變時的功──221

5.9　功──222

5.10　保守力作的功──225

5.11　所以，力學能究竟是什麼──236

5.12　數學是語言──238

5.13　衍生自彈簧彈性能力的位能──241

5.14　衍生自萬有引力的位能──244

5.15　飛出地球需要的速度──248

　　●第 5 章的問題──253

尾聲──259

解答──279

給想多思考一點的你──337

後記──345

參考文獻與延伸閱讀——349

索引——355

序章

> 就像薛丁格說的，
> 這個世界複雜得讓人感到困惑，
> 從已知事物中找出規則，就是一種奇蹟。
> ——尤金·維格納[1]

丟出去的球正在往上飛。
飛行中的球正在往下墜。
這些事看起來都理所當然。
習慣後的事都是理所當然。

丟出去的球，為什麼會往上飛？
飛行中的球，為什麼會往下墜？
越是追問下去，越覺得不可思議。
已習慣的世界中，充滿了不可思議。

放開手之後，蘋果會下墜。
蘋果離手後，為什麼會下墜？

---

[1] Eugene Wigner, "The Unreasonable Effectiveness of Mathematics in the Natural Sciences", 1960（作者譯）

夜空中的月球，為什麼不會下墜？
還是說，月球也在下墜中呢？

克卜勒、伽利略、牛頓爵士。
他們發現了什麼呢？
他們問了什麼問題呢？
他們說了什麼話呢？

我們看到了什麼呢？
我們問了什麼呢？
該用什麼樣的言語，
說明隱藏在世界中的定律呢？
該用什麼樣的言語——來描述一切呢？

第 1 章

丟球

「要回答『為什麼？』不是件容易的事，為什麼呢？」

1.1　由梨的疑問

這裡是我的房間，現在是週六下午。

由梨和平常一樣來我的房間玩。

由梨：「為什麼球是**拋物線**呢？」

我：「為什麼由梨會突然問出這個問題呢？」

由梨：「為什麼哥哥要用問題來回答問題呢？」

我：「由梨不也是用問題來回答問題嗎？」

由梨是國中生，我是高中生。

她是我的表妹，不過我們小時候就常一起玩，所以她總是叫我：「哥哥」。

由梨：「別談這個了啦。到底為什麼球是拋物線啊？」

我：「妳的問題省略太多關鍵字囉。由梨想問的應該是

『為什麼球被丟出去後，軌跡會是拋物線呢？』」

才對吧。球本身並不是拋物線喔。球被丟出去後，飛行軌跡才是拋物線。」

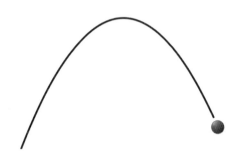

球被丟出後，飛行軌跡為拋物線

由梨：「哥哥又在糾結這種細節了。所以呢？到底為什麼球被丟出去後，會畫出一條拋物線呢？簡短說明清楚！」

我：「如果一定要簡短說明，這是因為球被丟出去之後——

- 水平方向為等速度運動，
- 垂直方向為等加速運動。

——大概就是這樣吧。垂直方向就是重力的方向喔。」

由梨：「……果然還是別說比較好。先這樣啦，拜拜！」

由梨揮了揮手，假裝要回去的樣子看著我。

我：「等一下！」

我大動作地伸出手臂，像是在求她不要走一樣。

---

*審訂註：此處提到的重力，指的是球在地球表面所受的萬有力可近似為一定值。

由梨：「你說得那麼複雜我聽不懂啦！」

我：「那是因為由梨要我『簡短說明』啊。」

由梨：「人家想要馬上就聽懂嘛！」

我：「突然要人簡短說明清楚並不容易啊。」

由梨：「咦，有那麼困難嗎？」

我：「如果照順序一一說明就不難囉。要聽聽看為什麼球被丟出去後會變成拋物線嗎？」

由梨：「快說快說！……但是哥哥，被丟出去的球不會變成拋物線啦，是球的軌跡會變成拋物線才對！」

　　就像關係很好的搭檔一樣，我和由梨的對話由此開始。

1.2　為什麼有這個疑問？

我：「認真來說明吧。由梨想問的是『為什麼球被丟出去後，飛行軌跡會是拋物線？』對吧？」

由梨：「嗯，沒錯。」

我：「不過，由梨已經知道『球被丟出去後，飛行軌跡會是拋物線』了。為什麼還會有疑問呢？」

由梨：「想來想去之後，突然覺得『為什麼勒？』。」

我：「我就是在問妳是想了什麼，才會想問這個問題喔。」

由梨：「呵呵……。確實，我本來就知道球被丟出去後，飛行軌跡會是拋物線。但是啊，不管丟的力道很強，還是很弱，或者說──不管丟出去的力道有多強，飛行軌跡都是拋物線對吧？我覺得這很不可思議。」

我：「原來如此。」

由梨：「還有啊，球可以丟高也可以丟低對吧。在玩傳接球的時候，必須調整丟球的角度，讓對方接得到球才行。不過不管從哪個角度丟球，都會丟出拋物線對吧？我覺得這也很不可思議。」

我：「原來如此啊……」

由梨：「就是這樣。所以呢？為什麼呢？」

我：「嗯。讓我們來想想球被丟出去後會以什麼方式運動吧。首先考慮球落下時的情況，就像伽利略‧伽利萊那樣。」

1.3　伽利略的實驗

由梨：「我知道伽利略！」

伽利略 · 伽利萊[1]

我：「伽利略曾經透過**實驗**研究物體的運動。」

由梨：「實驗？好像自然課喔。」

我：「學校之所以要教實驗，就是因為實驗對科學來說很重要。
而說明了實驗重要性的人，就是伽利略。當時的人們總是
依賴文獻做研究，伽利略則是以實驗依據，研究物體的運
動。」

由梨：「咦──其他人不會真的去丟球嗎？」

我：「雖然每個人都知道，把球丟出去，球就會畫出一道曲線
軌跡，然後落地。但沒有人真的做實驗確認球會以什麼軌
跡飛行與落地。」

---

[1] 伽利略 · 伽利萊（Galileo Galilei），1564-1642。
本肖像畫是 Justus Sutermans 的作品。

由梨：「只要把球被丟出後的樣子拍成影片不就好了嗎？」

我：「伽利略拍不了影片啦。」

由梨：「為什麼拍不了影片呢？」

我：「伽利略生活在 16 到 17 世紀，攝影機要到 19 世紀才發明出來。也就是說，伽利略是在沒有攝影機的時代做實驗喔。」

由梨：「原來那時候還沒有攝影機啊！……等一下，那他要怎麼做實驗？」

我：「球掉落的速度很快，所以很難測出球在哪個時間點，落下了多少距離。於是，伽利略改讓球在斜面上滾動。」

由梨：「這是為了讓球變慢，讓他比較好測量嗎？」

我：「沒錯。他製作了一個數公尺的板子，在上面挖一條筆直的溝，磨平後鋪上光滑的羊皮紙。接著將板子的一端抬起數十公分，讓黃銅製的球從高處自然滾下，並計算球滾到底部時需要的時間。」

讓球從傾斜的板子上自然滾下

由梨：「這樣啊……」

我：「當時也沒有碼表，伽利略是用水來計時。水槽的水會經由細水管流入一個杯子。杯子內的水重就可以用來計算時間，算是一種水鐘。」

由梨：「水鐘！」

我：「在研究球的運動時，須要知道球『何時位於哪裡』。也就是說

- 何時⋯時間
- 哪裡⋯位置

時間和位置這兩個資訊相當重要。」

由梨：「時間和位置。」

我：「伽利略重複做了一百次以上的實驗。接著他試著改變板子的角度、改變放置球的位置，又重複了許多次實驗。」

由梨：「然後呢？後來怎麼樣了？」

我：「如果將伽利略的實驗結果，也就是時間和位置寫成表格，就像這樣。」

時間	0	1	2	3	4	5	6
位置	0	1	4	9	16	25	36

時間與位置*

由梨：「嗯嗯。」

---

*審訂註：此處沒有標示秒或公尺等單位，是因為使用相對時間與相對位置。

我：「假設放開球的瞬間，時間為 0；此時球的位置也是 0。」

由梨：「開始落下。」

我：「沒錯。時間為 0、1、2、3、4、5、6 的時候，球的位置
　　分別是 0、1、4、9、16、25、36。」

時間為 0、1、2、3、4、5、6 時，球的位置

由梨：「越來越快了耶。」

我：「確實越來越快了。時間每多 1，球的位置變化如下。」

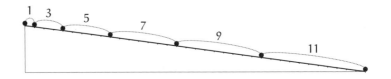

由梨：「越來越寬了。」

「位置」　　　　0　　　1　　　4　　　9　　　16　　　25　　　36

「位置的變化」　　　1　　　3　　　5　　　7　　　9　　　11　　　…

我：「嗯，沒錯。『位置的變化』越來越大，但『花費的時間』
　　都是 1，所以我們可以說球的速度越來越大。」

由梨:「速度?」

我:「所謂的『速度』,指的是『位置的變化』除以『花費的時間』。這就是『速度』的定義喔。不過精確來說,這樣算出來的『速度』其實是『平均速度』[*2] 就是了。」

$$「速度」 = \frac{「位置的變化」}{「花費的時間」}$$

$$= \frac{「變化後的位置」 - 「變化前的位置」}{「變化後的時間」 - 「變化前的時間」}$$

由梨:「這個之前就聽過了[*3]。」

我:「是啊。舉例來說,假設我們想計算時間 3 到 4 的速度。」

時間	0	1	2	3	4	5	6
位置	0	1	4	9	16	25	36

時間與位置(再次列出)

- (變化前)時間 3 時,球的位置為 9
- (變化後)時間 4 時,球的位置為 16

我:「這樣就可以計算出時間 3 到 4 的『速度』了。」

---

*2 請參考附錄:「平均速度」與「瞬時速度」(p. 38)。

*3 請參考《數學女孩秘密筆記:微分篇》。

$$\text{『速度』} = \frac{\text{『位置的變化』}}{\text{『花費的時間』}} \qquad \text{由『速度』的定義}$$

$$= \frac{\text{『變化後的位置』} - \text{『變化前的位置』}}{\text{『變化後的時間』} - \text{『變化前的時間』}}$$

$$= \frac{\text{『位置的變化』}}{4 - 3} \qquad \text{當時間從 3 變成 4 後……}$$

$$= \frac{16 - 9}{4 - 3} \qquad \text{位置會從 9 變成 16}$$

$$= \frac{7}{1} \qquad \text{因為 } 16 - 9 = 7\text{，且 } 4 - 3 = 1$$

$$= 7$$

　　所以說，時間 3 到 4 的期間內，速度為 7。依照同樣的方式，可以計算出各期間內的速度分別是 1、3、5、7、9、11。」

$$\text{「時間 0 到 1 之期間內的速度」} = \frac{1 - 0}{1 - 0} = 1$$

$$\text{「時間 1 到 2 之期間內的速度」} = \frac{4 - 1}{2 - 1} = 3$$

$$\text{「時間 2 到 3 之期間內的速度」} = \frac{9 - 4}{3 - 2} = 5$$

$$\text{「時間 3 到 4 之期間內的速度」} = \frac{16 - 9}{4 - 3} = 7$$

$$\text{「時間 4 到 5 之期間內的速度」} = \frac{25 - 16}{5 - 4} = 9$$

$$\text{「時間 5 到 6 之期間內的速度」} = \frac{36 - 25}{6 - 5} = 11$$

由梨：「1、3、5、7、9、11，所以速度越來越快囉。」

我：「嗯。接著再來詳細看看速度會以什麼樣的方式變快吧。

我們可以用剛才描述『位置的變化』的方式，描述『速度的變化』。」

「速度」　　　　1　　3　　5　　7　　9　　11

「速度的變化」　　　　2　　2　　2　　2　　2　　…

由梨：「全都是 2。」

我：「是啊。『速度的變化』一直都是 2，是定值。」

由梨：「定值……？」

我：「是啊。『速度』會隨著時間經過而越來越快。但『速度的變化』卻是定值，這表示『速度』變快的步調會保持一定。」

由梨：「啊，我懂了我懂了。『速度』和『速度的變化』不一樣！」

我：「沒錯。而『速度的變化』除以『花費的時間』後的量，就叫做加速度。這是加速度的定義。」

$$\text{「加速度」} = \frac{\text{「速度的變化」}}{\text{「花費的時間」}}$$

由梨：「和『速度』很像耶。」

我：「十分相似。

$$\text{『速度』} = \frac{\text{『位置的變化』}}{\text{『花費的時間』}}$$

$$\text{『加速度』} = \frac{\text{『速度的變化』}}{\text{『花費的時間』}}$$

在板子上沿直線滾落的球，『加速度』保持一定。這表示球以等加速度運動。」

由梨：「但這不是垂直落下的實驗啊。」

我：「在伽利略的實驗中，不管板子傾斜角度是多少，球都會以等加速度滾落。雖然當板子與地面垂直，因速度過快而無法測量時間，但他推測垂直落下時也會是等加速度運動。當然，在我們的時代可以精確測量到實驗結果，也有人透過實驗，確認這是等加速度運動。」

由梨：「有疑點！」

我：「什麼疑點呢？」

由梨：「板子越斜，球的加速度就越快吧？這跟你剛才說的『不管板子傾斜角度是多少，球都會以等加速度滾落』不一樣啊！」

我：「啊，是我剛才說得不清楚。板子傾斜角度不同時，加速度大小也不一樣。傾斜角度越大，加速度就越大，一定時間後的速度也會越大，這妳同意吧。」

由梨：「同意。」

我：「我想說的是，不管板子傾斜的角度是多少，只要角度固定，加速度就跟著固定，不會隨著時間改變。」

由梨：「聽不懂。」

我：「那就再說得更詳細點吧。為了方便解說，剛才我們假設時間為 1 時，位置為 1，可寫成下表。」

時間	0	1	2	3	4	5	6
位置	0	1	4	9	16	25	36

時間與位置（再次列出）

由梨：「……」

我：「改變板子的傾斜角度後，可得到這個表。」

時間	0	1	2	3	4	5	6
位置	0	A	$4A$	$9A$	$16A$	$25A$	$36A$

時間與位置（改變角度後的例子）

由梨：「4A 是 4 × A 的意思吧？A 是什麼呢？」

我：「這裡我們用 A 來表示時間為 1 時的位置。也就是說，時間從 0 到 1 時，球滾的距離為 A。板子傾斜角度越大，A 就越大；板子傾斜角度越小，A 就越小。」

由梨：「嗯嗯。」

我：「不過呢，如果和剛才一樣計算它們的加速度，就會發現它們的加速度也都保持定值。」

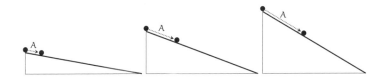

由梨：「啊……是這個意思啊。不管傾斜角度是多少，加速度都固定是 2A？」

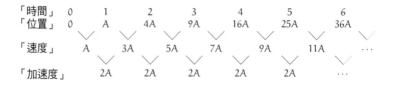

我：「沒錯。不管板子的傾斜角度是多少，球都會以等加速度
　　運動。」

由梨：「這樣我就懂了。」

我：「伽利略的實驗結果可以表示成

　　　　『落下的球以等加速度運動』

　　也可以表示成

　　　　『落下距離與落下時間的平方成正比』。」

由梨：「哦？」

我：「以 t 表示時間，y 表示位置，再加上剛才表中出現的 A，
　　可以寫出時間 t 與位置 y 的關係式如下

$$y = At^2$$

- t 相當於物體離手後落下的時間。
- y 相當於物體離手後落下的距離。

所以伽利略的實驗結果可以表示成

『落下距離與落下時間的平方成正比』

這裡的 A 是決定板子傾斜角度的常數。」

由梨：「出現數學式了。數學式狂熱者登場！」

我：「這條式子沒那麼難吧。只要知道 y、A、t 等符號分別是什麼意思，就可以用數學式正確傳達想傳達的意思。畢竟『**數學式是語言**』。」

由梨：「哦哦──」

1.4　科學與實驗

我：「雖然伽利略的時代已經是約四百年前的事，不過『實驗很重要』這件事，在現代科學中也一樣喔。」

由梨：「原來實驗那麼重要啊。這讓由梨想到，我以前也有想試試看的實驗耶。」

我：「實驗真的很重要。因為實驗是我們確認這個世界的物理定律時唯一的方法。」

由梨：「咦！真的嗎？實驗有那麼重要嗎？」

我：「是啊。當我們想要確認這個世界的物理定律，最終手段就只能實際做實驗確認了。如果反復實驗後，都可以得到相同的結果，才能證明這個物理定律是對的。我們就是用這種方式研究隱藏在這個世界中的物理定律。」

由梨：「等一下……這不可能吧。」

我：「不可能？妳是說實驗不可能做出結果嗎？」

由梨：「就是啊，自然科的實驗在測量時間、長度的時候，不是會有一點點不準嗎？這樣沒辦法畫成很漂亮的圖吧！怎麼能用來決定物理定律呢？」

我：「嗯，在實驗中測量時，一定會產生誤差。不管用什麼儀器測量，都不可能會完全精準。伽利略的實驗也一樣喔。板子上的溝會有些許凹凸不平，水鐘也不夠準，還有空氣阻力的問題。不過，實驗並不是白費工夫。」

由梨：「即使不是精確的數值，也有意義嗎？」

我：「嗯，有意義喔。實驗時，必須假設環境是理想狀態，量測時沒有誤差、沒有風的影像、溝槽上沒有凹凸不平、時鐘可精準測量等，建立『落下距離與落下時間的平方成正比』這樣的**假說**。」

由梨：「假說。」

我：「建立假說後，須要進行多次**實驗**，然後比較、討論假說與實驗結果的差異。就算有誤差，只要重複多次實驗，就可以減小誤差的影響。」

由梨：「因為當正確值是 1，可能會量到稍長的 1.001，也可能會量到稍短的 0.999 嗎？」

我：「就是這樣。如果在考慮到實驗的精密度下，經過多次實驗後得到的實驗結果符合假說，這個假說就可以保留下

來。如果實驗結果與假說不符──」

由梨:「就表示這個假說沒用了,應該要廢棄!」

我:「或者說,這表示我們可能沒考慮到某些條件,應該要試著修正假說才行。至於假說的修正幅度有多大,則取決於實驗結果與假說的差異有多大。」

由梨:「哇……好麻煩喔!整個打掉重練,從頭開始弄一個假說不是比較輕鬆嗎?」

我:「這樣就太誇張啦。伽利略厲害的地方,就在於他能分辨可以無視哪些差異,應該重視哪些差異。」

由梨:「哪些差異可以無視?」

我:「舉例來說,板子上的凹凸差異不應列入考慮的條件。雖然實驗時應該要考慮很多條件,但若考慮太多條件,就沒辦法設計實驗了。」

由梨:「就是說不要太在意細節的意思嗎?」

我:「應該說,設計實驗時,要能突顯出這個實驗的重點在哪裡。板子的凹凸差異一開始就不在理論該考慮的範圍內。所以伽利略將板子的表面盡可能磨得光滑,減少凹凸不平造成的影響,使實驗能夠接近自己設想中的理想狀態。在各方面下足工夫後,伽利略才能確認『落下距離與落下時間的平方成正比』。」

由梨:「這樣啊……」

我:「伽利略用那個時代做得到的精確度進行實驗,確認了他

的假設。後來他又試著使實驗條件更接近理想狀態，重複了多次實驗。而且，實驗結果都沒有違背『落下距離與落下時間的平方成正比』這個假說。伽利略還發現了單擺的等時性，成功製作出了更正確的時鐘。他連必要的實驗工具都是自己製作的喔。」

由梨：「好厲害！」

我：「現代的我們可以用遠比伽利略時代精確的儀器來做實驗，並拍成影片。卻沒有推翻伽利略發現的這個定律。

$$『落下距離與落下時間的平方成正比』$$

不管是伽利略的時代還是現代，物體的落下距離都會與落下時間的平方成正比。」

由梨：「哥哥的說明我完全聽懂了！我知道為什麼用實驗來研究物理定律是件很重要的事，也知道『實驗結果不會完全精準』是什麼意思。但是……」

我：「但是？」

由梨：「還是沒回答到由梨的問題啊！為什麼球被丟出去後，飛行軌跡會是拋物線呢？」

我：「咦？我一直有在說明啊……」

由梨：「由梨想知道的是被丟出去的球會怎樣，不是沿著板子滾落的球會怎樣啦！」

1.5　朝水平方向丟球的實驗

我：「那假設球被這樣水平丟出好了。」

由梨：「那球就會咻一聲掉下來。」

我：「試著在座標平面上標出代表球所在位置的點吧。」

由梨：「座標平面？」

我：「畫一條水平方向的直線，稱做 x 軸；畫一條垂直方向的直線，稱做 y 軸。然後假設 x 軸與 y 軸的交點為**原點 O**，x 軸與 y 軸所在的平面為**座標平面**。」

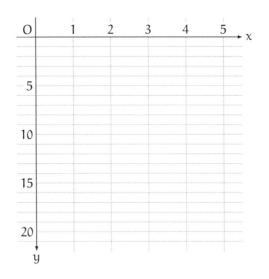

座標平面

由梨：「哥哥很常畫座標平面耶。但為什麼 y 軸是往下？」

我：「嗯。因為球會往下掉落，所以我假設 y 軸的正向是往下。只要確定座標軸的方向就好，正向是往上或往下都可以喔。」

由梨：「是這樣啊。」

我：「座標平面上的每個位置，都可以用由兩個數組成的數對來表示。譬如這個點。」

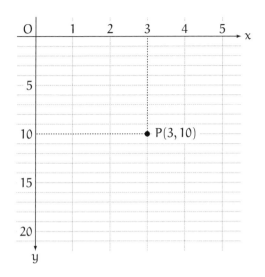

由梨：「出現了，點 P。」

我：「這個點 P 的位置由 3 與 10 兩個數組成，可表示成

$$(3, 10)$$

加上 P 這個點的名稱，也可以寫成這樣：

$$P(3, 10)$$ 」

由梨：「這表示 $x = 3$、$y = 10$是嗎？」

我：「沒錯。以這個點 P 為例，x 座標數值為 3，y 座標數值為 10。所以點的位置可以表示成這樣：

$$x = 3, \quad y = 10$$

也可以整理成這樣：

$$(x, y) = (3, 10)」$$

由梨：「這超簡單。」

我：「那真是太棒了。」

由梨：「啊，哥哥等一下。」

我：「嗯？」

由梨：「實際上的球不是有一定的大小嗎？球不能當成一個點吧？」

我：「啊，是這樣沒錯。實際上的球有一定的大小，點則沒有大小。所以說，我們現在可以說是忽略了球的大小，只關注球的位置。」

由梨：「這麼做沒問題嗎？」

我：「當然，實際的球還是有大小。所以，要考慮非常精細、會被球的大小影響的運動時，就不能把球當成點了。」

由梨：「就是說啊。」

我：「不過，在研究實際的球的運動時，把球當成點所得到的結果並非完全無用。所以我們一開始會先把球的運動視為一個質點的運動。」

由梨:「質點?」

我:「所謂質點,是將物體想成是一個點。如果將球想成是一個點,那麼球的運動就可以想成是質點的運動。」

由梨:「OK——」

我:「接著,假設丟出球的瞬間,時間為 $t = 0$。然後在座標平面上,畫出球在 t 為 0、1、2、3、4、5、6 時的位置,就像這樣。看起來很像**頻閃照片**對吧。」

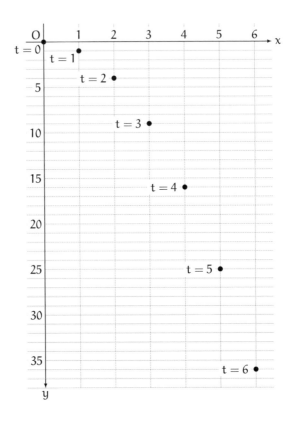

由梨：「這就是從旁邊看球被丟出後的軌跡吧？在自然課本上有看過。」

我：「是啊。在黑暗的房間內，從高處將球沿著水平方向丟出，然後從旁邊拍攝球的軌跡，每過一定時間間隔就按下快門，啪、啪、啪……。這樣就可以在照片上記錄每個時間點的球分別處在哪個位置上。」

由梨：「每個時間點、在哪個位置。」

我：「沒錯。當然，實際上的球會沿著平滑的曲線，經過這些
　　我們畫出來的點。就像這樣。」

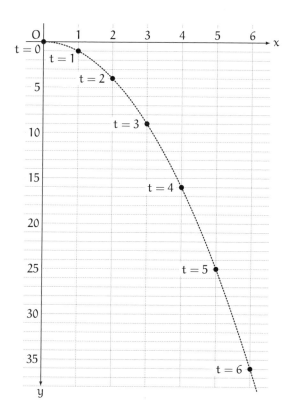

由梨：「啾一聲掉下來。」

1.6　水平方向與垂直方向

我：「接著讓我們來看看不同時間點時，球在水平方向和垂直
　　方向的位置分別在哪裡吧。也就是寫出球在各時間點時的
　　x 座標值與 y 座標值。」

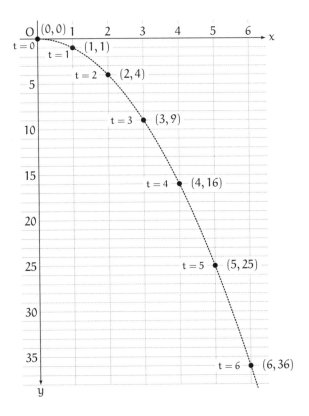

時刻 t	0	1	2	3	4	5	6
水平方向的位置 x	0	1	2	3	4	5	6
垂直方向的位置 y	0	1	4	9	16	25	36

由梨：「嗯嗯，然後呢？」

我：「球開始落下後，垂直方向的運動與伽利略的實驗結果相同，就像從板子上滾落的球一樣，屬於等加速度運動。」

由梨：「確實！」

我：「垂直方向就像伽利略的實驗一樣，可以寫成 $y = At^2$ 的形式，屬於等加速度運動。也就是說，讓球自然落下，或者將球水平拋出，兩者乍看之下是不一樣的運動，但如果只看垂直方向的運動，會發現兩者相同。」

由梨：「如果只關注垂直方向的運動，兩者相同……」

我：「接著考慮水平方向的運動。只要知道球在不同時間點的位置，就可以計算出球的速度。速度的定義如下。」

$$『速度』 = \frac{『位置的變化』}{『花費的時間』}$$

由梨：「『位置的變化』除以『花費的時間』。」

我：「嗯。試著用這張表求出水平方向的速度吧。」

時刻 t	0	1	2	3	4	5	6
水平方向的位置 x	0	1	2	3	4	5	6

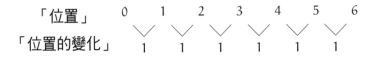

「位置」　　0　　1　　2　　3　　4　　5　　6

「位置的變化」　　1　　1　　1　　1　　1　　1

我：「時間為 0、1、2、3、4、5、6 時，球的水平位置 x 分別為 0、1、2、3、4、5、6。分別求出相鄰兩位置的差，就可以得到『位置的變化』。『花費的時間』為 1，這樣就可以算出水平方向的『速度』了。」

由梨：「水平方向的速度為 1、1、1、1……都是 1。」

我：「沒錯，這種速度固定的運動，稱做**等速度運動**。如果只關注水平方向的運動，可以知道球在水平方向為等速度運動。」

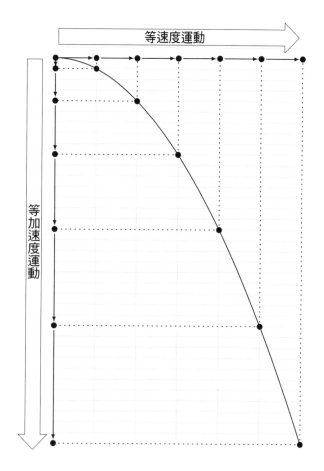

水平方向為等速度運動，垂直方向為等加速度運動

由梨：「這樣啊……就是要把水平方向與垂直方向分開來看嗎？」

我：「沒錯！讓我們由閃頻照片般的實驗結果，整理出我們剛才討論過的東西吧。」

- 水平方向的位置 x 與時間 t 之間的關係，可表示成 $x = t$。
- 垂直方向的位置 y 與時間 t 之間的關係，可表示成 $y = t^2$。
- x 與 y 的關係，可表示成 $y = x^2$。

由梨：「……」

我：「這條式子的一般式為

$$y = Ax^2$$

$A = 1$ 的時候，就會得到前面提到的式子。我們可以重複多次實驗，確認是不是每一次實驗結果都會符合 $y = Ax^2$ 的形式。」

由梨：「我知道哥哥想講什麼。但為什麼哥哥從剛才開始就那麼執著於寫出數學式呢？看到閃頻照片就很清楚了，把數學式寫出來反而看起來更複雜——」

我：「因為想表達物理定律時，數學式是很重要的工具啊。」

由梨：「是這樣嗎？看到閃頻照片不就知道是怎麼回事了嗎？」

我：「確實，如果能拍下閃頻照片，就相當於具體描述出被丟出去的球在各個時間點分別位於什麼位置。不過我們想知道的不只這些喔。」

由梨：「什麼意思啊？」

我：「舉例來說，我們也想知道時間 t 超過 6，在 $t = 7$、8、9、…的時候，球的位置在哪裡。為此，我們最好能用已知資訊，寫出一條能夠表示時間與位置關係的數學式。」

由梨:「原來如此喵。」

我:「而且,由梨不是想知道這個軌跡是不是拋物線嗎?為了確認這點,必須寫出數學式才行。隨著拋球力道的不同,飛行軌跡可能比較接近 $y = 0.5x^2$,或者可能比較接近 $y = 2x^2$,但無論如何,都可以寫成 $y = Ax^2$ 的形式,所以球的飛行軌跡可以畫成一條拋物線。」

由梨:「這樣啊……等一下,我記得拋物線有胖有瘦對吧?該不會……」

我:「妳說的胖瘦,指的是拋物線的形狀,或是開口的寬廣程度吧。沒錯,A 值改變時,拋物線的形狀也會跟著改變。」

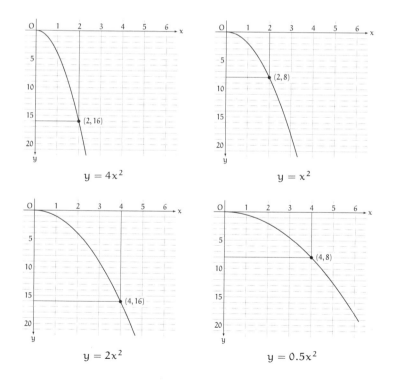

$y = 4x^2$

$y = x^2$

$y = 2x^2$

$y = 0.5x^2$

由梨：「哦哦哦──！」

我：「如果 x 與 y 可以寫成

$$y = Ax^2$$

這樣的關係式，軌跡就會是一條拋物線。方向或位置不同時，數學式的形式可能稍有不同。但可以確定的是，如果軌跡能用 $y = Ax^2$ 表示，就一定是拋物線。所以說，用數學式來表示軌跡是一件非常重要的事。」

由梨：「原來如此！哥哥，我懂了！但是……所以說，為什麼球被丟出去之後，飛行軌跡會是拋物線呢？」

我：「咦？」

1.7 再次面對由梨的疑問

由梨：「由梨想知道的是，被丟出去的球，飛行軌跡為什麼會是拋物線嘛！」

我：「呃……所以說，我不是回答過了嗎？『因為球被丟出去之後，水平方向為等速度運動，垂直方向為等加速運動』啊。」

由梨：「嗯，這個我知道啦！我也懂伽利略的實驗和閃頻照片在幹嘛了。實驗結果就是那樣。但是啊，由梨想知道原因！我知道水平方向是等速度運動，垂直方向是等加速度運動時，飛行軌跡會是拋物線，但這還是沒有回答到原因啊！為什麼球被丟出去的時候，水平方向是等速度運動，

　　　　垂直方向是等加速度運動呢？」

我：「原因啊……」

由梨：「不要蒙混過去啦！」

我：「沒有在蒙混喔。我只是在想，由梨想知道的或許是牛頓
　　　運動方程式。」

由梨：「牛頓？」

1.8　牛頓運動方程式

我：「艾薩克・牛頓整理出了『加速度定律』。」

由梨：「我有聽過牛頓。」

艾薩克·牛頓[4]

我：「牛頓提出了力的概念，發現了質點運動的規則。這個規則就叫做『加速度定律』，也叫做『牛頓第二運動定律』。」

由梨：「這樣啊。」

我：「牛頓用一條數學式表示力與加速度的關係，這條數學式也叫做牛頓運動方程式。」

由梨：「牛頓運動方程式，又是數學式啊。」

我：「當然囉，因為『數學式是語言』嘛。」

由梨：「嗯——」

---

[4] 艾薩克·牛頓爵士（Sir Isaac Newton），1642-1727。
本肖像畫是 Sir Godfrey Kneller 的作品。

我：「在我們生存的這個世界上，物體的運動都會遵守牛頓運動方程式。所以我們可以用這個方程式來說明，為什麼球被丟出去後，飛行軌跡會是拋物線。」

由梨：「等一下。這個方程式可以說明『水平方向是等速度運動，垂直方向是等加速度運動』的原因嗎？」

我：「是啊。」

由梨：「那就快點教我牛頓運動方程式嘛！」

我：「牛頓運動方程式可以寫成很多種形式，譬如這樣。」

$$F = ma$$

由梨：「F 等於 m 乘 a。F 是什麼？」

我：「這個問題問得很正確。看到 $F = ma$ 這樣的數學式，就會想問式子中的字母分別代表什麼意思，對吧？」

由梨：「因為不問就不知道是什麼意思了啊。」

我：「正是如此。F 表示力，m 表示質量，a 則表示加速度。所以

$$F = ma$$

這個牛頓運動方程式，就表示

力與加速度成正比

也就是說，這條方程式描述的是『力』以及『加速度』這兩個物理量之間關係的物理定律！」

牛頓運動方程式

對質量 m 的質點施加大小為 F 的力，使質點產生 a 的加速度，則以下方程式成立。

$$F = ma$$

由梨：「等一下、等一下！哥哥，雖然你一口氣講了很多東西，但為什麼這個數學式會變成拋物線呢？我還是聽不懂耶。」

我：「嗯。$F = ma$ 這條式子很短，看起來相當簡潔明瞭。但我們必須仔細探究，才能理解這個式子的意義。牛頓是在發現了力與加速度之間的關係後，才寫出了 $F = ma$ 這條式子以表示它們之間的關係。」

由梨：「嗄？」

我：「$F = ma$ 這條式子雖然很短，卻是自然界中的重要定律。在我們熟知的宇宙中，不論何時何地，這條式子都會成立。所以這條式子值得我們仔細探究。」

由梨：「等一下，為什麼牛頓知道這條式子成立呢？」

我：「當然這也是透過實驗囉。因為式子與實驗結果一致，所以知道這條式子成立。從過去到現在，人們做了無數次實驗，每次實驗結果都與式子驚人吻合。沒有一項實驗結果

可以推翻這個加速度定律*。」

由梨:「原來是這樣!」

我:「有時實驗結果乍看之下不符合加速度定律,但這時候通常是因為沒有考慮到其他隱藏的條件。」

由梨:「就算有新的發現,也不會推翻整個加速度定律嗎?」

我:「就算後來科學界有了許多新發現,牛頓運動方程式本身也不曾被推翻。畢竟科學沒有那麼容易被推翻嘛。」

由梨:「超帥的耶!」

哲學*5 就隱藏在我們的眼前
這個巨大的書(也就是宇宙)的字裡行間中。
不過,我們必須先理解書中使用的語言才行。
要是無法解讀書中文字,就無法理解書中內容。
這本書用數學這種語言寫成,
書中文字則是三角形、圓,以及各種幾何學圖形。
如果不把這些圖形當做工具,光憑人類的力量
不可能理解書中文字。
——伽利略·伽利萊[26]

---

* 審訂註:這一段話中有兩個點不是很正確:

1. 牛頓知道這條式子成立的原因其實是來自於思考與推論,並且與當時已知的實驗結果比對發現一致。光強調實驗這一點,其實不是學習物理最好的想法。

2. 沒有一項實驗結果可以推翻加速度定律這句話也要仔細斟酌,因為相對論就明確指出在接近光速時,$F=ma$ 並不正確。真正沒有變化的是牛頓原本提出來的方程式 $F=m*d(mv)/dt$,也就是動量時變率這個方程式,在相對論下沒有改變。而在量子力學中,如果考慮微觀粒子的運動,因為測不準原理的關係,這個加速度定律也無法嚴格被遵守。

*5 這裡說的「哲學」,相當於現代的「科學」。

附錄：「平均速度」與「瞬時速度」

「平均速度」

設直線上的動點 P

- 在時間 $t = t_1$ 時，位置 $x = x_1$，
- 在時間 $t = t_2$ 時，位置 $x = x_2$。

時間 $t = t_1$ 時的點 P

時間 $t = t_2$ 時的點 P

$t_1 \neq t_2$ 時，

$$\frac{x_2 - x_1}{t_2 - t_1}$$

得到的數值，稱做時間 t_1 到時間 t_2 的「平均速度」。

第 1 章（p.9）中，「我」和由梨提到的「速度」，嚴格來說應該是「平均速度」。

設橫軸為時間 t，縱軸為位置 x，那麼（$\frac{x_2 - x_1}{t_2 - t_1}$）所算出來的「平均速度」，就相當於點 P「位置時間圖」中兩點①(t_1, x_1)

與②(t_2, x_2) 連線的斜率。

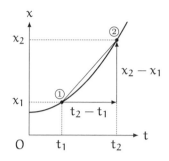

「平均速度」為①②兩點連線的斜率

即使在時間 t_1 與 t_2 之間,點 P 來來回回地移動,只要時間 t_1 的位置是 x_1,時間 t_2 的位置是 x_2,那麼 $\left(\dfrac{x_2 - x_1}{t_2 - t_1}\right)$ 這個「平均速度」的數值就不會改變。

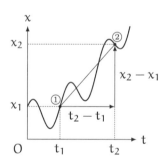

「平均速度」可以想成是把原本忽快忽慢的速度平均後得到的速度。

「瞬時速度」

$\dfrac{x_2 - x_1}{t_2 - t_1}$ 這種「平均速度」可以表示成 (t_1, x_1) 與 (t_2, x_2) 兩點連線的斜率。

當時間 t_2 與 t_1 無限接近，「平均速度」，即兩點連線斜率，就會無限接近 t_1 時的**切線斜率**。所以 t_1 的切線斜率可以想成是 t_1 的「**瞬時速度**」。

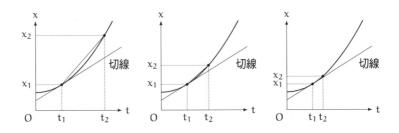

這裡我們用示意圖來說明「無限接近」的概念，不過嚴格來說，在數學上會用「**極限**」來描述。運用極限的概念，算出「切線斜率」，就相當於微分。

如果想進一步瞭解什麼是微分，可以閱讀《數學女孩秘密筆記：微分篇》。

第 1 章中提到的「速度」都是「平均速度」，不過第 2 章以後的速度則都是「瞬時速度」。

● 第 1 章的問題

● 問題 1-1（速率）

① 汽車以 60 km/h 的速率行駛 2 小時後，會前進多少 km 的距離呢？

② 從起點騎機車到 50 km 遠的地方，花了 2 小時。那麼這個機車的速率是多少 km/h 呢？

③ 10 秒可以跑 100 m 的人，是用多少 km/h 的速率在跑呢？

④ 以 100 km/h 的速率奔馳的列車，要花幾個小時才能跑 40000 km 呢？

⑤ 以 4 km/h 的速率走路的人，要花幾個小時才能走 40000 km 呢？

注意：速率指的是速度的大小。km/h 是速率的單位，表示 1 小時前進的距離。也就是說，60 km/h 表示時速 60 km，1 小時內可以前進 60 km 的距離。h 是時間的英文「hour」的首字母。

（解答在 p. 280）

●問題 1-2（方程式與作圖）

一點 P 在數線上移動。設時間 t 時的位置為 x，且 t 與 x 滿足以下關係式。

$$x = 2t + 1$$

試作圖描繪 P 在 $0 \leqq t \leqq 10$ 範圍內，各時間 t 所對應的位置 x，並求出以下數值。

①時間 $t = 0$ 時，點 P 位置 x 是多少？
②時間 $t = 7$ 時，點 P 位置 x 是多少？
③點 P 位置 $x = 11$ 時，時間 t 是多少？
④時間 0 到 3 期間內，點 P 的平均速度為何？
⑤時間 4 到 9 期間內，點 P 的平均速度為何？

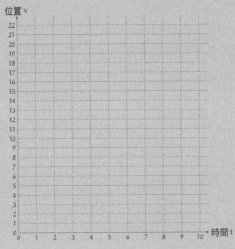

（解答在 p. 285）

●問題 1-3（球的運動）

拍攝球被水平丟出後的運動軌跡，用影片記錄球在每個時間點的位置，結果整理如下。t 是時間，以被丟出的瞬間為 0；x 是水平方向的位移，以被丟出的位置為 0；y 是垂直方向，往下的位移，以被丟出的位置為 0。

t [1/30 s]	x [cm]	y [cm]
0	0	0
1	14	0
2	27	2
3	40	5
4	52	9
5	65	14
6	77	21
7	88	28
8	99	37
9	110	46
10	121	58
11	131	69

請作圖分別畫出各時間點的球在水平方向與垂直方向的位置。

（解答在 p. 290）

第 2 章

牛頓運動方程式

2.1　力與加速度成正比

為什麼球被丟出去後，飛行軌跡是拋物線──

由梨說她想知道原因。

所以我談到了牛頓運動方程式。

我：「牛頓運動方程式可以寫成

$$F = ma 」$$

由梨：「F 等於 m 乘以 a。」

我：「F 是力，m 是質量，a 是加速度。」

由梨：「這樣就可以知道球會怎麼飛了嗎？」

我：「是啊。$F = ma$ 這個式子雖然很短，但只要確實瞭解這個
　　式子是什麼意思，就可以計算出飛行中的球在某個時間點
　　位於何處。讓我們照順序一一看下來吧。」

由梨：「嗯！」

我：「F 是力，a 是加速度，所以 $F = ma$ 就是力與加速度成正比的意思。這個概念又叫做『加速度定律』或『牛頓第二運動定律』。加速度定律在任何時候、任何地方都會成立。無論何時何地，力都會與加速度成正比*。」

加速度定律

對質量 m 的質點施加力 F，使質點產生加速度 a，那麼以下牛頓運動方程式會成立。

$$F = ma$$

另外，力的方向與加速度的方向一致。

由梨：「嗯嗯。」

我：「所以說，只要知道『質量』和『力』，就可以求出『加速度』。」

由梨：「既然 $F = ma$，那就表示加速度可以用這個式子算出來囉？

$$a = \frac{F}{m}$$ 」

我：「沒錯。接著就讓我們依序說明『質量』和『力』分別是什麼吧。首先是『質量』。」

由梨：「質量。」

---

*審訂註：這句話不完全正確，請參 P.37 之審訂註。

2.2 質量

我：「牛頓運動方程式中，以 m 表示質量。那麼，『質量大』
是什麼意思呢？」

由梨：「質量大就是比較『重』的意思啊。」

我：「可惜了，與其說質量大是比較『重』，說質量大是比較
『難以推動』會比較正確喔。」

由梨：「比較『重』和比較『難以推動』不是一樣嗎？」

我：「嚴格來說，比較『重』和比較『難以推動』並不相同。
再看一次 $F = ma$ 的式子思考看看吧。」

由梨：「看著式子要怎麼思考呢？」

我：「所謂看著式子思考——嗯，舉例來說，當質量 m 變大，
會有什麼變化呢？當質量變成 2 倍，要讓物體獲得同樣的
加速度，就需要 2 倍大的力去推動它才行。當質量變成 3
倍，則需要 3 倍大的力。也就是說，質量越大，物體就越
『難以推動』。」

由梨：「等一下！」

由梨突然大喊了一聲，阻止我繼續說下去。

我：「……」

由梨：「質量大的東西要用比較大的力氣才能幫它加速不是嗎？
那不就是因為它比較『重』嗎！你看，『重』和『難以推
動』明明就是一樣的意思！」

我：「可是啊，『重』的程度會因為地點不同而改變，『難以推動』的程度則不會因為地點不同而改變喔。」

由梨：「地點？改變什麼地點？」

我：「妳知道嗎？如果從地球跑到月球，體重會變輕喔。」

由梨：「我知道。人在月球的體重是在地球的 $\frac{1}{6}$ 對吧？」

我：「沒錯。同一個物體在地球的重量和在月球的重量並不相同。在地球比較重，到月球上則會變輕。」

由梨：「那又怎麼樣呢？」

我：「物體在地球與月球的『重量』並不相同，但『質量』都一樣。」

由梨：「等一下。在太空站之類的地方，不是有很多東西飄來飄去嗎？這些東西的質量也不一樣嗎？」

我：「在失重狀態的太空站中，東西之所以會飄來飄去，是因為它們的重量為 0。在地球上有重量的東西，拿到太空站後『重量』就會變成 0，所以拿在手上也不會感覺到『重量』。但東西的『質量』卻完全沒變。即使東西飄在空中，原本就『難以推動』的東西，還是一樣『難以推動』。」

由梨：「咦！明明就在空中飄來飄去，還是一樣難以推動嗎？」

我：「是啊。如果太空人用手推動飄浮中的球，球會很快地飛

到另一端。如果太空人推動飄浮中的太空站會如何呢？太空人可以從太空站的內壁推動太空站，但質量很大的太空站幾乎不會移動對吧？」

由梨：「對耶……飄浮著的太空人反而會往反方向移動！」

我：「就是這樣。」

- **重量**指的是作用在物體上的重力大小。物體在地球上、月球上、太空站中的重量都不一樣。
- **質量**指的是推動該物體的難度。物體在地球上、月球上、太空站中的質量都相同。

由梨：「這樣啊……」

我：「牛頓運動方程式 $F = ma$ 的 m 不是『重量』，而是『質量』喔。」

由梨：「原來『重量』和『質量』不一樣啊！我以前都不知道！」

2.3 力

我：「談完『質量』後，再來是『力』。考慮質點的運動時，重點在於該質點受到哪些力的作用。在研究質點的運動時，必須考慮到所有施加在該質點上的力。」

由梨：「考慮到所有的力——飛行中的球會受到兩個力吧？重力和把它丟出去的力。」

我：「咦？飛行中的球所受到的力只有重力而已喔。」

由梨：「咦？」

我：「飛行中的球所受到的力只有『來自地球的重力』而已，沒有『丟出去的力』喔。」

由梨：「可是丟球的時候不是會施力嗎？所以應該是『來自地球的重力』和『丟出去的力』兩個力吧？」

我：「嗯，這是個很容易產生誤會的地方。確實，在球離開手之前，手會對球施力。」

由梨：「對吧，所以力不是只有一個嘛。」

我：「在把球丟出去之前是這樣沒錯，不過球離開手之後，手就不再對球施力囉。也就是說，從球離開手的瞬間起，手對球的施力就會變成 0 了。」

由梨：「咦……我一直以為，如果用力丟球，在球飛行的過程中，會一直受到很大的力耶。」

我：「飛行過程中手不會對球施力喔，這是錯誤的想法。球離開手之後，作用在球上的力就只有一個，即來自地球的力。也就是說，飛行中的球所受的力，就只有『來自地球的重力』。」

由梨：「只有一個啊……」

我：「至此，研究質點運動的前置準備已完成。施加在球上的力，只有來自地球的重力。由我們剛才介紹的牛頓運動方程式可以知道，加速度與力成正比。也就是說，我們可以

算出質點的加速度。」

由梨：「因為力與加速度成正比。」

我：「是啊。『力與加速度成正比』的意思，應該不須要再說明了吧。

- 力變成 2 倍時，加速度也會變成 2 倍。
- 力變成 3 倍時，加速度也會變成 3 倍。

就是這樣。」

由梨：「也就是說，對球的施力越強，球就動得越快是嗎？」

我：「這種講法不正確喔。『施力越強，速度越快』是『對球的施力大時，速度較快』的意思。但牛頓運動方程式卻不是這個意思。」

由梨：「不是嗎？」

我：「與力成正比的不是速度，而是加速度喔。要分清楚『速度』與『加速度』的差別。」

由梨：「什麼意思？」

我：「舉例來說，想像一列新幹線列車，以時速數百公里的『速度』筆直前進。列車行走時，『速度』會保持一定，所以『速度的變化』一直是 0。也就是說，即使『速度』很大，『加速度』仍是 0。」

由梨：「這樣啊……」

我：「『速度』和『加速度』是不同概念喔。牛頓運動方程式
　　講的是『力與加速度成正比』。與力成正比的是『加速
　　度』，而不是『速度』。所以說，『對球的施力大時，速
　　度較快』這個說法並不正確。」

由梨：「等一下。可是，如果要讓球飛得更快，不是要更用力
　　　丟才行嗎？這不就代表，對球的施力越大，速度越快
　　　嗎？」

我：「關於這點，只要想像一下丟球時的樣子就會明白囉。對
　　球的施力越大，球的加速度就越大。由牛頓運動方程式可
　　以說明這點。」

由梨：「力與加速度成正比可以說明這點？」

我：「沒錯。球離手前，會持續受到來自手的施力，且施力大
　　小固定，所以加速度也固定，速度則越來越快。球離手
　　時，加速度消失，速度則固定下來。」

由梨：「然後呢？」

我：「如果手對球的施力變大，加速度會跟著變大，球離手時
　　的速度也會比之前快。所以說，雖然『對球的施力大時，
　　速度較快』這句話就結果而言是正確的敘述，但中間省略
　　了許多說明。$F = ma$ 這個牛頓運動方程式的意義，就只有
　　『力與加速度成正比』這樣而已。」

由梨：「原來如此……感覺清楚多了！」

2.4 由「速度」求出「位置」

我：「速度與加速度不一樣。讓我們確認一下速度的定義。『速度』是『位置的變化』除以『花費的時間』。」

「速度」的定義

$$「速度」=\frac{「位置的變化」}{「花費的時間」}$$

$$=\frac{「位置的變化」}{「時間的變化」}$$

$$=\frac{「變化後的位置」-「變化前的位置」}{「變化後的時間」-「變化前的時間」}$$

由梨：「簡單來說，速度就是『速率』嗎？」

我：「物理學上，『速度』與『速率』是不同的概念。『速度』有方向，『速率』卻沒有方向。汽車的時速表標示的不是『速度』，而是『速率』。看時速表的時候，可以知道汽車以時速 60 公里的速度在奔馳，卻不曉得是往哪個方向前進。」

由梨：「真的耶，『速度』的大小就是『速率』對吧？」

我：「是啊，物理學中，將『速度』的大小稱做『速率』。所以『速率』必定大於 0。」

由梨：「OK、OK。」

我：「再來，『速度』由『位置』定義；同理，『加速度』則由『速度』定義。」

由梨：「加速度。」

「加速度」的定義

$$「加速度」=\dfrac{「速度的變化」}{「花費的時間」}$$

$$=\dfrac{「速度的變化」}{「時間的變化」}$$

$$=\dfrac{「變化後的速度」-「變化前的速度」}{「變化後的時間」-「變化前的時間」}$$

我：「比較『速度』與『加速度』的定義，可以看出兩者都是物理量的變化除以『花費的時間』。

$$『速度』=\dfrac{『位置的變化』}{『花費的時間』}$$

$$『加速度』=\dfrac{『速度的變化』}{『花費的時間』}$$

所以說，只要知道『位置的變化』與『花費的時間』，就可以算出『速度』；知道『速度的變化』與『花費的時間』，就可以算出『加速度』。」

由梨：「嗯嗯，我懂了。」

我：「反過來說，知道『速度』與『花費的時間』，就可以算出『位置的變化』；知道『加速度』與『花費的時間』，就能算出『速度的變化』。」

　　「位̈置̈的變化」＝「速度」×「花費的時間」
　　「速̈度̈的變化」＝「加速度」×「花費的時間」

由梨：「是這樣沒錯。」

我：「接下來就越來越有趣囉。假設在直線上的質點『速度』固定，那麼『速度－時間圖』中，『位置的變化』計算如下，相當於圖中長方形的**面積**。」

　　「位̈置̈的變化」＝「速度」×「花費的時間」

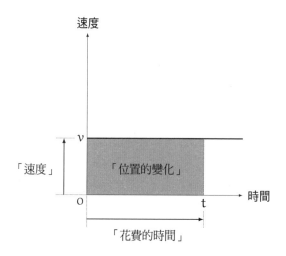

由梨：「哦哦？」

我：「說得更清楚一點。

- 假設在『時間』0 到 t 的區間內，
- 質點從 x_0 的『位置』前進到 x。

而且這段時間內，物體的『速度』v 為固定值，那麼——

$$『位置的變化』=『速度』\times『花費的時間』$$
$$\vdots \qquad\qquad \vdots \qquad\qquad \vdots$$
$$x - x_0 \quad = \quad v \quad \times \quad (t - 0)$$

所以時間 t 的位置 x 可以表示成

$$x = vt + x_0$$

這裡的 vt 相當於『速度－時間圖』中的面積，所以

我們可以依照『速度－時間圖』繪製出『位置時間圖』。」

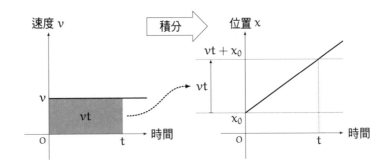

由『速度－時間圖』的面積繪製出『位置－時間圖』（速度固定時）

由梨：「咦？左圖的縱軸是『速度 v 』右圖縱軸是『位置 x 』對吧？這個以前好像有看過……」

我：「嗯。只要計算『速度－時間圖』中的面積，就可以得到『位置－時間圖』的樣子了。這是

　　　速度對時間積分

的一個簡單計算例子。」

由梨：「積分！這個我有算過！」

我：「是啊，確實有算過[1]。『積分』聽起來很困難，但只要把它想成是『圖形的面積』，就簡單許多了。在剛才的題目中，速度是固定值。不過即使速度會改變，也可以用速度時間圖的面積來表示質點的位移。舉例來說，假設質點在時間 t 的時候，速度 v 可表示成以下形式。

$$v = at$$

此時，我們可以用『速度－時間圖』中的面積——即下圖中的三角形面積——畫出質點的『位置－時間圖』。」

---

[1] 請參考《數學女孩秘密筆記：積分篇》。

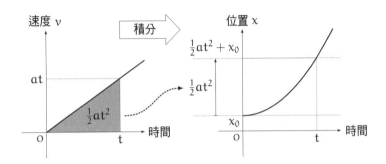

由「速度－時間圖」的面積繪製出「位置－時間圖」（等加速度運動時）

由梨：「底邊為 t，高為 at，所以

$$三角形面積 = \frac{1}{2} \times t \times at = \frac{1}{2}at^2$$

對吧。」

我：「是啊。這就是質點在時間 0 到 t 期間內的『位置變化』，所以時間 t 時，質點位置 x 就是這個量再加上 x_0，變成這樣

$$x = \frac{1}{2}at^2 + x_0$$

速度 at 對時間積分後，可以得到最後的位置是 $\frac{1}{2}at^2 + x_0$。」

由梨：「可以用面積來計算位置變化。這我是懂啦……」

我：「剛才我們將『速度』對時間積分，得到『位置』。同樣的，將『加速度』對時間積分，就可以得到『速度』。」

由梨：「……我說哥哥啊。我知道什麼是積分了啦，那牛頓運動方程式又是什麼呢？」

我：「嗯。牛頓運動方程式與積分，是兩個很重要的工具。」

由梨：「工具？」

我：「沒錯。是我們研究球被丟出的運動時，相當重要的工具。剛才我們已經依照

『力』→『加速度』→『速度』→『位置』

這樣的順序，由『力』計算出『位置』了對吧？」

由梨：「咦？」

2.5　「力」→「加速度」→「速度」→「位置」

我：「我們想知道球被丟出時的運動情況，也就是球被丟出後，某個時間點會在哪個位置，或者說是球在每個時間點的『位置』。」

由梨：「是啊。」

我：「如果我們已知『力』的大小了，接下來該怎麼做呢？」

由梨：「……」

我：「由牛頓運動方程式，就可以從『力』求出『加速度』。」

由梨：「哦——……」

我：「『加速度』對時間積分，可以得到『速度』。」

由梨：「嗯嗯。」

我：「而『速度』對時間積分，就可以得到『位置』了！」

由梨：「原來如此喵！這樣我就知道哥哥你剛才寫的

　　　　『力』→『加速度』→『速度』→『位置』

　　　是什麼意思了！就是這樣吧？」

$$「力」\xrightarrow{\text{牛頓運動方程式}}「加速度」\xrightarrow{\text{對時間積分}}「速度」\xrightarrow{\text{對時間積分}}「位置」$$

我：「就是這樣。以『力』做為起點，善用牛頓運動方程式和
　　　積分，就可以求出質點的『位置』囉！」

由梨：「突然變得有趣了！」

我：「如果想知道某時間點的質點位於何處，就必須

　　　　以時間的函數表示位置

　　　才行。」

由梨：「這麼一說又突然變得好難啊！」

2.6　函數

我：「函數聽起來很難，但其實一點也不難喔。」

由梨：「真的嗎？」

我：「球被丟出後，假設水平方向的位置是 x，垂直方向的位置是 y，那麼

- 在某個特定時間 t，位置 x 有一個特定數值。
- 在某個特定時間 t，位置 y 有一個特定數值。

這兩句話可以改寫成

- 位置 x 是時間 t 的函數。
- 位置 y 是時間 t 的函數。

這種『決定一個數後，另一個數也跟著確定下來』的觀念是關鍵。時間確定為某數值時，『某個東西』也會跟著確定下來。這裡的『某個東西』就可以說是時間的函數。」

由梨：「函數是這個意思嗎？」

我：「函數就是這個意思喔。」

由梨：「那一點也不難嘛。」

我：「是啊。將 x 的數值表示成時間 t 的函數時，通常會寫成這個樣子。」

$$x(t)$$

由梨：「瞭——解。」

我：「時間 $t = 0$ 時的 x 數值，可以寫成

$$x(0)$$

同樣的，當時間 t 的數值為

$$0 \text{、} 1 \text{、} 2 \text{、} 3 \text{、} \ldots$$

時，x 數值可以表示成

$$x(0) \text{、} x(1) \text{、} x(2) \text{、} x(3) \text{、} \ldots$$

這樣一點都不難吧。」

由梨：「是不難啦……但這很重要嗎？」

我：「很重要喔。如果大家都遵守這個規則，以後就不用說得像

時間 t 為 12.345 時的位置 x

那麼複雜，只要寫成

$$x(12.345)$$

就可以表達同樣的意思了。」

由梨：「啊，原來如此！」

2.7　不管哪個時間點都成立

我：「習慣用括弧來表示函數之後，就可以從另一個角度來看牛頓運動方程式。」

由梨：「另一個角度？」

我：「牛頓運動方程式原本是寫成這樣

$$F = ma$$

不過也可以寫成這樣。

$$F(t) = ma(t)$$」

由梨：「哦？多了括弧？」

我：「沒錯。也就是說，

- 把力 F 想成是時間 t 的函數 $F(t)$。
- 把加速度 a 想成是時間 t 的函數 $a(t)$。

還記得我們說過，函數是『決定一個數後，另一個數也跟著確定下來』的關係對吧。」

由梨：「也就是說，決定時間後，力也跟著確定下來；決定時間後，加速度也跟著確定下來……是這個意思嗎？」

我：「就是這樣！力可能會隨著時間改變，加速度也可能會隨著時間改變。所以理所當然的，力可以想成是時間的函數，加速度也可以想成是時間的函數，兩者可分別寫成 $F(t)$ 和 $a(t)$。」

由梨：「你還真喜歡數學式耶。」

我：「我想說的是，雖然 F 或 a 是寫成一個字母的樣子，但我們常會把它們當成時間的函數。所以如果寫成 $F(t)$ 或 $a(t)$ 等時間函數的形式，會更為精確。在確認這些字母是什麼

意思的時候，不只要知道它們是力或加速度，也要考慮到
『它們是否為時間的函數？』才行，這很重要。不過這些
函數也有可能是常數函數──也就是和時間無關的函數就
是了。」

由梨：「……」

我：「加速度定律中的牛頓運動方程式如下。

$$F = ma$$

事實上，這裡出現的 F 與 a 都是時間的函數。可以寫成這樣

$$F(t) = ma(t)$$

這條等式在任何時間點 t 都會成立。這就是牛頓運動方程
式。當把焦點放在球上，在每個時間點 t──也就是在每個
瞬間──施加在球上的力都與球的加速度成正比！」

由梨：「每個瞬間！聽起來好厲害！」

2.8　不管哪個方向都成立

我：「不只每個瞬間都會成立，牛頓運動方程式在每個方向都
　　會成立。」

由梨：「在每個方向都會成立……是什麼意思？」

我：「舉例來說，假設水平方向為 x 方向，垂直方向為 y 方向，
　　那麼牛頓運動方程式在這兩個方向都會成立。」

由梨：「……」

我：「若只看 $F = ma$ 一條式子應該很難理解吧。如果在 x 方向與 y 方向分別寫出一條式子，就比較好懂了。」

$$F_x = ma_x \quad \text{牛頓運動方程式（} x \text{方向）}$$
$$F_y = ma_y \quad \text{牛頓運動方程式（} y \text{方向）}$$

由梨：「兩條都是牛頓的運動方程式啊。F_x 是什麼？」

我：「力可以分解成 x 方向與 y 方向，就像這樣：

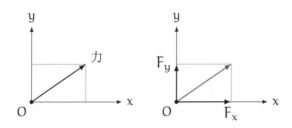

然後，

- x 方向的力，稱做力的 x 分量，可寫成 F_x。
- y 方向的力，稱做力的 y 分量，可寫成 F_y。

小小的 x 與 y 叫做下標，可以讓我們一眼分辨出是指哪個方向的分量。」

由梨：「嗯嗯。」

我：「再來，想明確表示『力和加速度都是時間的函數』時，可以寫成這樣。」

$$F_x(t) = ma_x(t) \quad \text{牛頓運動方程式（} x \text{ 方向）}$$
$$F_y(t) = ma_y(t) \quad \text{牛頓運動方程式（} y \text{ 方向）}$$

由梨：「$a_x(t)$ 是指加速度的 x 分量嗎？」

我：「是啊。$a_x(t)$ 就代表，加速度的 x 分量是時間的函數。」

由梨：「瞭——解！」

2.9　丟球

我：「回到丟球。剛才我們想問的問題，可以描述如下。」

我們想問的問題
球被丟出後，會以什麼方式運動？其中，將球視為質點，
並忽略空氣阻力。

由梨：「咦……這樣完全不對啦！這樣完全沒有講到丟出去的
　　　力道多強，還有要往哪裡丟啊！」

我：「嗯，就像妳說的一樣。如果要推導質點的運動，就要有
　　清楚的設定才行。」

由梨：「也要設定質量。」

我：「是啊。除了質量以外，還要決定對球施加的力、丟出球
　　瞬間的時間點、位置、速度才行。要是沒有把這些因素一
　　一設定好，就不曉得球會以什麼方式運動。」

由梨：「是啊——」

我：「以 t 表示時間，假設球被丟出的時間點是 $t = 0$。」

- 以 t 表示時間。
- 設球被丟出的時間為 $t = 0$。
- 考慮 $t \geqq 0$ 的情況。

由梨：「原來如此。$t \geqq 0$ 就代表球被丟出去後的時間吧？」

我：「沒錯。接著要決定的是座標。設水平方向是 x 軸，往右
　　為正向；垂直方向是 y 軸，往上為正向。」

由梨：「不管把哪個方向設成正向都可以嗎？」

我：「是啊。如果要把正負向反過來，只要把正負號顛倒過來
　　就好。假設從原點將球丟出，那麼在時間 t 的時候，球的
　　位置可以表示成 $x(t)$ 與 $y(t)$。也就是將位置分解成 x 分量與
　　y 分量。」

- 從原點將球丟出。
- 時間 t 時，位置的 x 分量可寫成 $x(t)$。
- 時間 t 時，位置的 y 分量可寫成 $y(t)$。

由梨：「是時間的函數！」

我：「沒錯，$x(t)$ 與 $y(t)$ 都可以想成是時間 t 的函數。讓我們把前面提到的東西畫成圖吧。」

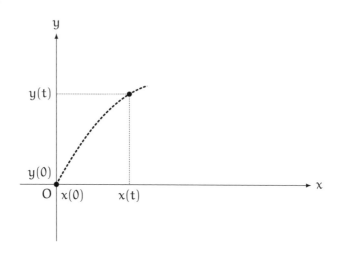

座標與球的位置

由梨：「從原點將球丟出。」

我：「沒錯沒錯。假設我們將球從原點丟出，那麼球被丟出的時間點 $t = 0$ 時，x 座標 $x(0)$ 等於 0，y 座標 $y(0)$ 等於 0。」

由梨：「那就是 $x(0) = 0$，還有 $y(0) = 0$！」

我：「是啊。而且，時間 t 越大時，球就飛得越遠。若用頻閃照片的方式畫出來，就像這個樣子。我們可以試著用牛頓運動方程式，確認這條曲線是否真的是拋物線。」

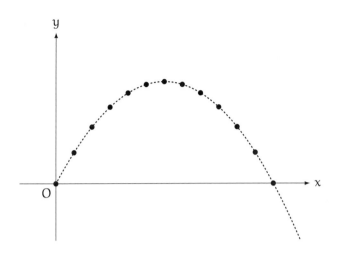

由梨:「不管朝哪個方向丟球,都是這樣嗎?」

我:「是啊。這裡假設球的**質量**是 m。當然,$m > 0$。而施加在球上的**重力**大小 F 為垂直方向往下。因為這裡指的是重力的『大小』,所以設 $F > 0$。」

- 設球的質量 $m > 0$。
- 設施加在球上的重力大小 $F > 0$。
- 施加在球上的重力方向為垂直往下。

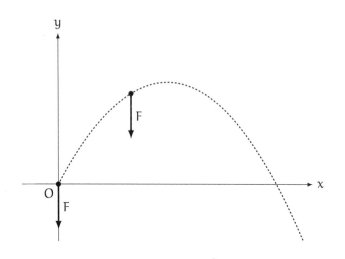

施加在球上的重力

由梨：「哦哦——」

我：「不管是在原點，還是在飛行途中都一樣。施加在球上的重力方向都是垂直往下，大小為 F。」

由梨：「嗯嗯。」

我：「重力的方向與大小永遠保持一定，而且會持續施加在球上。畫成圖就像這樣。」

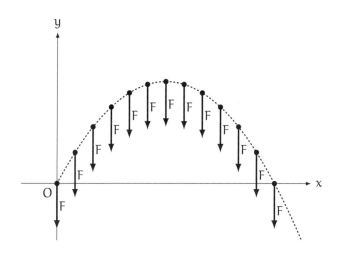

施加在球上的重力永遠保持一定

由梨：「哦哦！」

我：「這裡我們要將施加在球上的力分解成 x 方向與 y 方向，並將其命名為 $F_x(t)$ 與 $F_y(t)$。」

- 時間 t 時，施加在球上的力的 x 分量可表示為 $F_x(t)$。
- 時間 t 時，施加在球上的力的 y 分量可表示為 $F_y(t)$。

由梨：「咦？x 方向有受力嗎？」

我：「沒有喔。x 方向沒有受力，所以

    x 方向的受力為 0

這件事可以用這條式子來描述

$$F_x(t) = 0$$

因為箭頭的長度是 0，所以畫在圖上時會變成一個點喔。」

由梨：「明明沒有受力，卻要想像它有受力啊。咦⋯⋯」

我：「沒錯。這是為了要配合牛頓運動方程式喔。力是 0 的時候，加速度定律也會成立。」

由梨：「哦哦！」

我：「施加在球上的力的 y 分量只有重力，所以可以寫成

$$F_y(t) = -F \quad \text{」}$$

由梨：「為什麼不是 F 而是 $-F$ 呢？怎麼突然多了一個負號？」

我：「剛才我們假設 F 是重力的大小，可以把 F 想成是『代表重力的箭頭長度』。重力的方向為垂直向下，不過我們一開始就決定了正向是垂直往上，所以考慮到方向後，力的 y 分量應該要寫成 $-F$ 才對。」

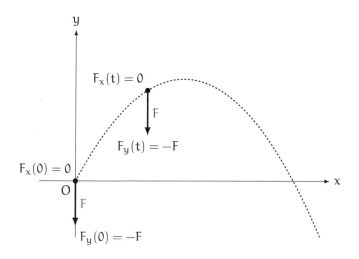

施加在球上的力

由梨：「那如果一開始設定垂直方向往下是正向，就會變成 $F_y(t) = F$ 了嗎？」

我：「沒錯！」

由梨：「這樣我就懂了。」

我：「再來是球的**速度**。飛行中的球會帶著一定的速度，朝著某個方向飛行。」

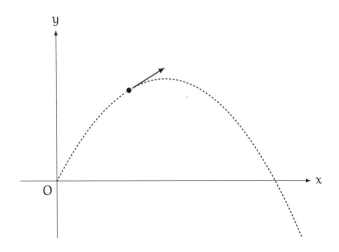

由梨：「朝著某個方向……」

我：「讓我們把速度也分解成 x 分量和 y 分量吧。」

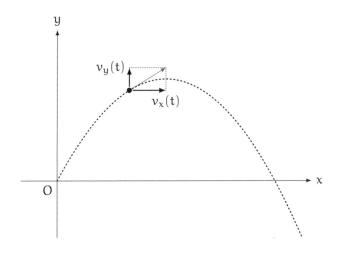

將時間 t 的速度，分解成 x 分量與 y 分量

由梨：「$v_x(t)$ 與 $v_y(t)$ 也變成了函數。」

我：「是啊。將時間 t 的速度分解成 x 分量與 y 分量後，兩者都會是時間 t 的函數。

 ● 時間 t 的速度的 x 分量可表示成 $v_x(t)$。
 ● 時間 t 的速度的 y 分量可表示成 $v_y(t)$。

這兩個函數可以表示球被丟出瞬間的方向與速度。妳應該知道該怎麼做吧，由梨。」

由梨：「哦，被丟出瞬間的方向？」

我：「球被丟出的瞬間，表示速度箭頭的『方向』，就是球被丟出時的方向。而速度箭頭的『長度』，就是球被丟出時的速率……也就是速度的大小。」

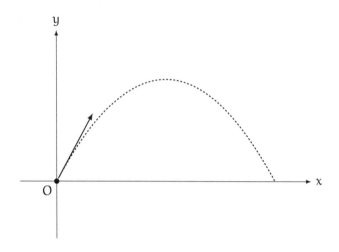

球被丟出瞬間的速度

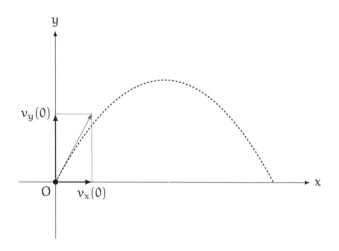

將球被丟出瞬間的速度分解成 x 分量與 y 分量

由梨:「……」

我:「球被丟出的瞬間,$t = 0$,所以此時速度的 x 分量可寫成 $v_x(0)$,y 分量可寫成 $v_y(0)$。」

由梨:「等一下,被丟出的方向就是速度方向嗎?」

我:「是啊。在下一個瞬間,球就會沿著速度的方向前進。而球前進的方向,就相當於『球被丟出的方向』。」

由梨:「啊……原來如此。」

我:「丟出球的方式有很多種,不管是哪一種,都可以用 $v_x(0)$ 與 $v_y(0)$ 來表示。」

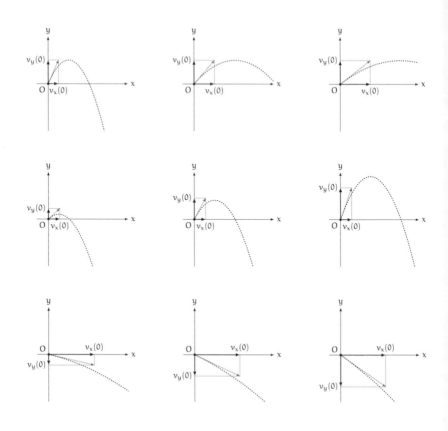

各種丟球方式與 $v_x(0)$、$v_y(0)$ 之間的關係

由梨：「等一下。$v_x(0)$ 是函數嗎？」

我：「$v_x(0)$ 本身並不是函數，而是函數 $v_x(t)$ 在時間 $t = 0$ 的數值喔。$v_x(0)$ 是速度的 x 分量在時間 0 的數值。」

由梨：「啊，我懂了。」

我：「有時，我們會把最初的速度叫做初速，所以

- $v_x(0)$ 表示初速的 x 分量。
- $v_y(0)$ 表示初速的 y 分量。

　不同的丟出方式，$v_x(0)$ 與 $v_y(0)$ 的數值也會不一樣。」

由梨：「也就是說，丟出方式決定了初速對吧？」

我：「而且，**就算丟出方式不同，加速度定律也不會改變。**」

由梨：「嗄？如果丟出方式不同，球的運動也不一樣吧？」

我：「是這樣沒錯，不過就算球的丟出方式不同，牛頓運動方程式的形式也不會改變喔。

- 球的丟出方式決定了 $v_x(0)$ 與 $v_y(0)$ 等初速。
- 球的位置為 $x(t)$ 與 $y(t)$。

　由各種不同丟出方式求出球的位置時，使用的都是同樣的工具，也就是牛頓運動方程式與積分。」

由梨：「聽起來很厲害……但還是感覺聽不太懂。」

我：「接下來就讓我們算算看具體的例子吧。」

由梨：「嗯，快點開始算吧！」

2.10 列出兩條牛頓運動方程式

我：「接下來我們要列出兩條牛頓運動方程式，分別是在 x 方向和 y 方向的方程式。建立牛頓運動方程式時，須要用到力、質量、加速度，所以要先確定加速度的寫法。」

- 時間為 t 時，加速度的 x 分量以 $a_x(t)$ 表示。
- 時間為 t 時，加速度的 y 分量以 $a_y(t)$ 表示。

由梨：「OK──」

我：「前面我們提到了許多符號，這些都是球在時間 t 時的資訊，整理如下。」

	位置	速度	加速度	力
x 方向	$x(t)$	$v_x(t)$	$a_x(t)$	$F_x(t) = 0$
y 方向	$y(t)$	$v_y(t)$	$a_y(t)$	$F_y(t) = -F$

球在時間 t 時的資訊

由梨：「原來如此喵。」

我：「球被丟出時，也就是 $t = 0$ 時，球的資訊如下。」

	位置	速度	加速度	力
x 方向	$x(0) = 0$	$v_x(0)$	$a_x(0)$	$F_x(0) = 0$
y 方向	$y(0) = 0$	$v_y(0)$	$a_y(0)$	$F_y(0) = -F$

球在時間 0 時的資訊

由梨:「好有趣!」

我:「咦?有什麼有趣的地方嗎?」

由梨:「這種打散的感覺很有趣!明明只是把球丟出去而已,卻會產生位置、速度、加速度、力之類的各種物理量不是嗎?而且還會分成 x 方向和 y 方向。我覺得這很有趣!」

我:「原來如此啊……看來這有戳中妳的喜好。」

由梨:「打散它們之後,還可以再整理起來,這個部分很有趣!」

2.11 x 方向:「力」→「加速度」

我:「讓我們整理一下 x 方向的資訊吧。」

時間為 t 時，球在 x 方向的資訊

「力」　　　$F_x(t) = 0$　←　已知此時的力為 0

「加速度」　$a_x(t) = ?$

「速度」　　$v_x(t) = ?$

「位置」　　$x(t) = ?$

由梨：「已知的只有 $F_x(t) = 0$。」

我：「是啊。接著我們就要用到牛頓運動方程式了。

$$F = ma$$

考慮到 x 方向的加速度定律，可以得到這條式子。

$$\underbrace{F_x(t)}_{\text{力}} = m\underbrace{a_x(t)}_{\text{加速度}}$$

不管 t 是多少，這條式子都會成立。這條式子表示『力與加速度成正比』。」

由梨：「嗯嗯。」

我：「已知力為 $F_x(t) = 0$，質量為給定的 m，所以可以計算出加速度 $a_x(t)$。」

$$F_x(t) = ma_x(t) \quad \text{由牛頓運動方程式}$$
$$0 = ma_x(t) \quad \text{因為 } F_x(t) = 0$$
$$ma_x(t) = 0 \quad \text{等號兩邊交換}$$
$$a_x(t) = \frac{0}{m} \quad \text{因為 } m > 0 \text{，故兩邊可同除以 } m$$
$$a_x(t) = 0 \quad \text{因為 } \frac{0}{m} = 0$$

由梨：「最後得到 $a_x(t) = 0$！」

我：「是啊。到這裡我們知道——

• 不管時間 t 是多少，加速度的 x 分量都是 0。所以說，

• 不管時間 t 是多少，速度的 x 分量都不會改變。

——所以，x 方向是等速度運動。」

由梨：「等速度運動……？」

我：「是啊。因為速度的 x 分量不會變動。」

由梨：「嗯……哥哥！」

我：「嗯？」

由梨：「等速度運動也是一種等加速度運動對吧！」

我：「沒錯。等速度運動就是加速度為 0 的等加速度運動喔。」

由梨：「加速度為 0，是因為受到的力是 0 嗎？」

我：「是啊。力的 x 分量為 0，所以加速度的 x 分量也是 0。就像加速度定律說的一樣，『力與加速度成正比』。」

由梨：「原來力等於 0 的時候也適用牛頓運動方程式！真好
　　　玩！」

時間為 t 時，球在 x 方向的資訊「力」

「力」　　　　$F_x(t) = 0$ ⎫

「加速度」　　$a_x(t) = 0$ ⎭　　牛頓運動方程式

「速度」　　　$v_x(t) = \,?$

「位置」　　　　$x(t) = \,?$

2.12　x 方向：「加速度」→「速度」

我：「既然知道加速度是多少，那就可以算出速度了。因為加
　　速度為 0，所以速度不會有變化，速度的 x 分量會固定在
　　$v_x(0)$ 不變。

$$v_x(t) = v_x(0)$$

　　這樣我們就從『加速度』算出『速度』了。加速度對時間
　　積分後，就可以得到速度。」

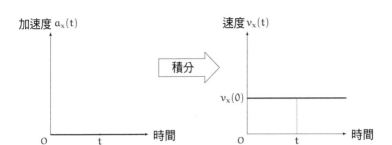

x 方向：「加速度」對時間積分，可以得到「速度」

由梨：「因為加速度 $a_x(t) = 0$，所以球被丟出後，就會一直保持 $v_x(0)$ 的速度持續飛行！」

我：「就是這樣。球在 x 方向會固定以 $v_x(0)$ 的速度持續前進。」

時間為 t 時，球在 x 方向的資訊

「力」　　$F_x(t) = 0$

「加速度」$a_x(t) = 0$

「速度」　$v_x(t) = v_x(0)$

「位置」　$x(t) = ?$

對時間積分

由梨：「再來是位置！」

2.13　x 方向：「速度」→「位置」

我：「接著要由速度求出位置。當速度固定為 $v_x(t) = v_x(0)$，我們可以由時間 t 求出位置 $x(t)$。」

由梨：「速度乘上花費的時間。」

我：「嗯，就是這樣。因為速度固定，所以速度乘上『花費的時間』後，就可以得到『位置的變化』。也就是說，

$$\text{『位置的變化』} = \text{『速度』} \times \text{『花費的時間』}$$
$$\vdots \qquad\qquad \vdots \qquad\qquad \vdots$$
$$x(t) - x(0) \quad = \quad v_x(0) \quad \times \quad (t - 0)$$

所以說，不管時間 t 是多少

$$x(t) - x(0) = v_x(0)t$$

都會成立。也就是說

$$x(t) = v_x(0)t + x(0) \quad \text{」}$$

由梨：「因為 $x(0) = 0$，所以

$$x(t) = v_x(0)t$$

對吧？畢竟是從原點丟出去的嘛。」

我：「沒錯。這樣我們就可以從『速度』算出『位置』了。將速度對時間積分，可以得到位置。因為速度固定，所以將 $v_x(0)$ 乘上時間 t——也就是『速度－時間圖』中的長方形面

積，會等於『位置－時間圖』的縱座標。」

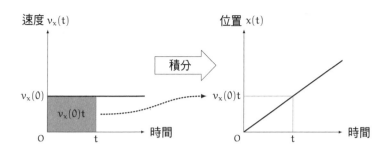

「速度」對時間積分，可以得到「位置」

由梨：「高為 $v_x(0)$，寬為 t 的長方形面積。」

我：「這樣就可以得到時間 t 時的位置 $x(t)$。我們可以用牛頓運動方程式，求出球被丟出後，在 x 方向的運動。」

由梨：「力、加速度、速度、位置，全都算出來了！」

時間為 t 時，球在 x 方向的資訊

「力」　　　$F_x(t) = 0$

「加速度」　$a_x(t) = 0$

「速度」　　$v_x(t) = v_x(0)$

「位置」　　$x(t) = v_x(0)t$

對時間積分

2.14 y 方向：「力」→「加速度」

我：「y 方向也一樣。首先，力的 y 分量為……」

由梨：「$F_y(t) = -F$ 對吧？球只受到來自地球的重力。」

時間為 t 時，球在 y 方向上的資訊「力」

「力」　　$F_y(t) = -F$ ← 來自地球的重力

「加速度」$a_y(t) = ?$

「速度」　$v_y(t) = ?$

「位置」　$y(t) = ?$

我：「由力計算加速度的時候──」

由梨：「要用到牛頓運動方程式。」

我：「嗯。現在要考慮的是 y 方向，套用加速度定律後可以得到

$$\underbrace{F_y(t)}_{\text{力}} = m\underbrace{a_y(t)}_{\text{加速度}}$$

對於任何 t 來說，這條式子都會成立。」

由梨：「這樣就可以算出加速度了！」

我：「嗯，沒錯。在這個式子中

$$F_y(t) = ma_y(t)$$

因為 $m > 0$，所以我們可以說

$$a_y(t) = \frac{F_y(t)}{m} = -\frac{F}{m}$$

」

時間為 t 時，球在 y 方向的資訊

「力」　　　$F_y(t) = -F$

「加速度」　$a_y(t) = -\frac{F}{m}$ 　〉牛頓運動方程式

「速度」　　$v_y(t) = ?$

「位置」　　$y(t) = ?$

由梨：「簡單啦簡單啦。」

我：「加速度的 y 分量可以寫成

$$a_y(t) = -\frac{F}{m}$$

重力大小 $F > 0$、質量 $m > 0$，且不因時間而改變，故可得到

$$a_y(t) = -\frac{F}{m} < 0$$

所以加速度的 y 分量是一個不會隨時間改變的負值。」

2.15　y 方向：「加速度」→「速度」

由梨：「加速度是負數？這表示速度會越來越小嗎？球被丟出
　　　後往下掉的過程也是？」

我：「是啊。往下掉的過程中，往下移動的速率會越來越快。
　　因為我們定義往上是正向，所以當一個東西往下移動的速
　　率越來越快，速度就越來越小。譬如-20 比-10 還要小，對
　　吧？」

由梨：「這樣啊……因為有定義方向！」

我：「因為加速度固定，所以加速度乘上「花費的時間」，就
　　可以得到「速度的變化」。也就是說

「速度的變化」＝「加速度」×「花費的時間」

$$v_y(t) - v_y(0) \quad = \quad -\frac{F}{m} \quad \times \quad (t - 0)$$

對於任何時間 t 來說，

$$v_y(t) - v_y(0) = -\frac{F}{m}t$$

這條式子成立。也可以寫成這樣

$$v_y(t) = -\frac{F}{m}t + v_y(0) \quad 」$$

由梨：「F 是重力、m 是質量、$v_y(0)$ 是速度。」

我：「是的。加速度可以由 F 與 m 決定。$v_y(0)$ 是球被丟出的瞬間，速度的 y 分量，可由丟出方式決定。所以說，$v_y(t)$ 的具體數值可由重力、質量、丟出方式決定。」

由梨：「嗯。」

我：「我們可以由以下式子算出時間 t 時，速度的 y 分量。

$$v_y(t) = -\frac{F}{m}t + v_y(0)$$

這樣就可以從『加速度』求出『速度』了」

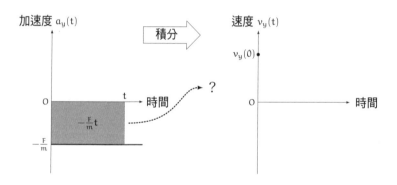

「加速度」對時間積分，可以得到「速度」？

由梨：「等一下。『加速度』不是負數嗎？這樣要怎麼算面積？」

我：「來畫畫看『速度－時間圖』吧。」

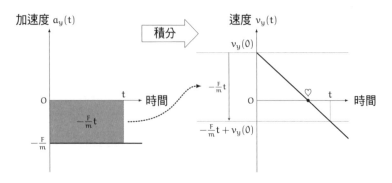

「加速度」對時間積分，可以得到「速度」

　　由梨仔細比較了兩張圖的差別。

由梨：「左邊是『加速度－時間圖』，右邊是『速度－時間圖』，是嗎？」

我：「加速度是負數，所以『加速度－時間圖』中的圖形畫在橫軸下方。『速度－時間圖』的圖形則是一條往右下延伸的斜線。」

由梨：「嗯，這個我知道。那面積是負數嗎？」

我：「提到面積，一般會認為是正數。不過在這個例子中，把 $-\dfrac{F}{m}t$ 想成負數的面積會比較好懂。雖然 $-\dfrac{F}{m}t$ 是負數，但在『速度－時間圖』上，$-\dfrac{F}{m}t$ 可代表 $v_y(0)$ 在速度上改變了多少。」

由梨：「因為 $-\dfrac{F}{m}t$ 代表速度的變化嘛。」

我：「加速度是固定數值 $-\dfrac{F}{m}$。而在時間經過 t 之後，速度的變化則是 $-\dfrac{F}{m}t$。」

由梨：「這樣由梨就懂了！那右圖的♡是什麼？」

我：「這個『速度時間圖』中，時間 $t = 0$ 時的速度為 $v_y(0) > 0$。不過，隨著時間的經過，速度會越來越小。在某個時間點 t，速度 $v_y(t) = 0$。我假設這個時間點是♡。也就是說，我假設

$$v_y(♡) = 0$$

將球往上丟的時候，球的位置會越來越高，但達到一定高度後會停下來，然後開始下落。我假設 y 方向運動停止的瞬間，也就是速度為 0 時，時間為♡。」

由梨：「所以說，♡就是──球被丟出後，達到最高點的時間？」

我：「就是這樣！」

時間為 t 時，球在 y 方向的資訊

「力」　　　$F_y(t) = -F$

「加速度」　$a_y(t) = -\dfrac{F}{m}$

「速度」　　$v_y(t) = -\dfrac{F}{m}t + v_y(0)$ ⎱ 對時間積分

「位置」　　$y(t) = ?$

2.16　y 方向：「速度」→「位置」

由梨：「算出速度 $v_y(t)$ 後，再來就要算位置 $y(t)$ 了吧？」

我：「沒錯！接下來我們要將『速度』對時間積分，求出『位置』。」

由梨：「一樣是算面積嗎？」

我：「沒錯！只要算出『速度時間圖』中，一段時間區間內的面積，就可以得到『位置時間圖』的圖形！加油，就快到終點了！」

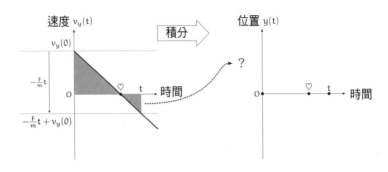

計算「速度時間圖」中，一段時間區間內的面積

由梨：「這個面積……要怎麼算啊？」

我：「假設橫軸以上的面積是正數，橫軸以下的面積是負數，兩者相加。也可以說是像這樣相減。」

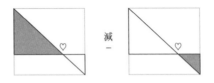

由梨：「哇，好麻煩喔。這個♡是切換正負號的地方嗎？」

我：「如果覺得難以理解，就把相關資訊整理在同一張圖上吧。

簡單來說，就像這樣。」

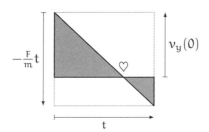

由梨：「嗯嗯。」

我：「想成是這個大三角形減去下面的長方形就可以了。」

由梨：「大三角形？下面的長方形？」

我：「這個就是大三角形，面積為 $\dfrac{F}{2m}t^2$。」

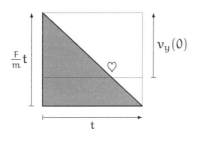

大三角形

由梨：「會變成 $\dfrac{F}{2m}t^2$！這就是三角形的面積！」

我：「而下面的長方形面積為 $\dfrac{F}{m}t^2 - v_y(0)t$。」

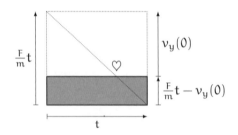

下面的長方形

由梨：「好有趣！長×寬。」

我：「再來只要相減就行了。」

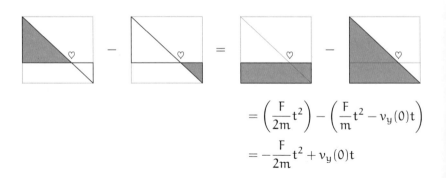

$$= \left(\frac{F}{2m}t^2 \right) - \left(\frac{F}{m}t^2 - v_y(0)t \right)$$

$$= -\frac{F}{2m}t^2 + v_y(0)t$$

由梨：「這就是 $y(t)$ 了吧！」

我：「沒錯！這樣我們就知道，時間 t 時的位置是這樣。

$$y(t) = -\frac{F}{2m}t^2 + v_y(0)t$$ 」

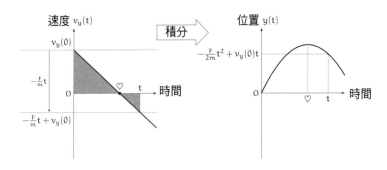

「速度」對時間積分，可以得到「位置」

時間為 t 時，球在 y 方向的資訊

「力」 $\qquad F_y(t) = -F$

「加速度」 $\quad a_y(t) = -\dfrac{F}{m}$

「速度」 $\qquad v_y(t) = -\dfrac{F}{m}t + v_y(0)$

「位置」 $\qquad\quad y(t) = -\dfrac{F}{2m}t^2 + v_y(0)t$ $\quad$ 對時間積分

由梨：「好耶！拋物線出現了！」

我：「不對不對，這確實是拋物線，但因為橫軸是時間，所以這個拋物線並不是飛行時的軌跡。

$$\begin{cases} x(t) = v_x(0)t \\ y(t) = -\dfrac{F}{2m}t^2 + v_y(0)t \end{cases}$$

接下來我們要計算出 $x(t)$ 與 $y(t)$ 之間的關係式。」

由梨：「咦……」

我：「為了方便計算，這裡讓我們改一下使用的符號[*2]。

改變符號前	$x(t)$	$y(t)$	$v_x(0)$	$v_y(0)$	$\frac{F}{m}$
	↓	↓	↓	↓	↓
改變符號後	x	y	u	v	g

這麼一來，我們就可以把 $x(t)$ 和 $y(t)$ 改寫成這樣。」

$$\begin{cases} x(t) = v_x(0)t \\ y(t) = -\frac{F}{2m}t^2 + v_y(0)t \end{cases} \rightarrow \begin{cases} x = ut & \cdots ① \\ y = -\frac{1}{2}gt^2 + vt & \cdots ② \end{cases}$$

由梨：「變簡單多了。」

我：「消去①和②的 t 之後，就可以得到 x 與 y 的關係式了。首先，設 $u \neq 0$，因為①的 $x = ut$，所以可以得到

$$t = \frac{x}{u}$$

代入②的 t 之後可以得到以下結果：

$$\begin{aligned} y &= -\frac{1}{2}gt^2 + vt & \text{由②} \\ &= -\frac{1}{2}g\left(\frac{x}{u}\right)^2 + v\left(\frac{x}{u}\right) & \text{以 } t = \frac{x}{u} \text{ 代入} \\ &= -\frac{g}{2u^2}x^2 + \frac{v}{u}x & \text{計算結果} \end{aligned}$$

這裡我們令 $a = -\frac{g}{2u^2}$, $b = \frac{v}{u}$, $c = 0$ ，可以得到

$$y = ax^2 + bx + c \quad (a \neq 0)$$

[*2] 這裡的 g 叫做重力加速度（詳情請參考第 3 章）。

這樣就是拋物線方程式了！」

由梨：「這是 $u \neq 0$ 的情況對吧？」

我：「唉呀抱歉抱歉。我沒有考慮到 $u = 0$ 的情況。$u = 0$ 時，$v_x(0) = 0$，這時候就相當於把球往正上方往正下方拋出，或者是突然放開手，讓球自由落體。這時候球的軌跡是垂直方向的射線，也可以說是被壓扁的拋物線。」

由梨：「這樣啊……」

我：「明明已經算出拋物線了，為什麼由梨好像沒那麼高興呢？」

由梨：「就是啊，我知道這是拋物線了。但是也因為這樣，又跑出了更多問題。可以先把話題拉回前面嗎？要拉回很前面喔。」

我：「當然可以。」

2.17　由梨的疑問

由梨：「由牛頓運動方程式 $F_y(t) = ma_y(t)$ 可以計算出這個結果對吧？

$$a_y(t) = \frac{F_y(t)}{m} = -\frac{F}{m}$$

m 是分母，所以質量 m 很大的時候，加速度

$$a_y(t) = -\frac{F}{m}$$

會很接近 0 對吧？這不就表示球很難掉下來嗎？」

我：「太厲害了！由梨有跟著數學式思考耶！」

由梨：「質量越大的球，丟出去後反而會慢慢地掉下來，這樣很奇怪吧！」

我：「由梨的疑問是這個意思吧。」

由梨的疑問

球被丟出後，於時間 t 時，球在 y 方向的加速度 $a_y(t)$ 為

$$a_y(t) = -\frac{F}{m} \text{（固定）}$$

F 是地球對球施加的重力大小，m 是球的質量。由這個式子似乎可以看出，質量越大，y 方向的加速度 $a_y(t)$ 應該會越接近 0 才對，這樣不是很奇怪嗎？

由梨：「這樣很奇怪吧？牛頓到底是怎麼回事啊！」

我：「由梨問得很好喔。而且牛頓運動方程式無法解決這個問題。」

由梨：「為什麼！？牛頓運動方程式不能解決所有問題嗎？」

我：「牛頓運動方程式所描述的加速度定律，主張的是『力與加速度成正比』。」

由梨：「這個我知道。」

我：「可是，加速度定律並沒有特別描述地球重力的情況。地球有沒有對球施力？這個施力的大小又是如何？牛頓運動方程式完全沒提到這些。」

由梨：「那該怎麼辦呢？」

我：「所以，牛頓又提出了新的發現。」

由梨：「？」

我：「那就是牛頓著名的**萬有引力定律**喔。這個定律可以解決由梨的疑問！」

由梨：「！」

「加速度與力成正比，方向與力相同。」

第 2 章的問題

●問題 2-1（力、加速度、速度）

從地面將球斜斜往上丟。假設不考慮空氣阻力，以下①～⑤關於飛行中的球的描述，有哪些正確、哪些錯誤？

①施加在球上的力有兩個，包括「來自地球的重力」與「丟球時手施加的力」。

②球的加速度方向為垂直向下。

③球的加速度大小在飛行途中不會改變，保持固定。

④球的速度方向為垂直向下。

⑤球的速度大小在飛行途中不會改變，保持固定。

（解答在 p. 294）

●問題 2-2（各式各樣的力）

試以「誰對誰，施加了哪個方向的力」的形式，回答①～⑤的題目。在①、②題中，請一併回答力的大小。

①放在桌子上的書，受到來自地球、垂直往下的重力，書卻不會垂直往下移動，為什麼呢？

②以細線垂吊的重物，受到來自地球、垂直往下的重力，重物卻不會垂直往下移動，為什麼呢？

③以磁石靠近放在桌上的鐵釘時，鐵釘會開始移動，被磁石吸過去，為什麼會這樣呢？

④將墊板靠近頭髮時，頭髮會被吸引而站起來，為什麼會這樣呢？

⑤指南針會自行擺動，使 N 極朝向北邊，為什麼會這樣呢？

（解答在 p. 298）

●問題 2-3（力的單位）

力的大小與加速度的大小成正比。使質量為 1 kg 的質點產生 1 m/s^2 之加速度的力的大小，定義為

$$1 \overset{\text{牛頓}}{N}$$

以國際單位制（SI 制）表示 1 N 時，可寫成

$$1\,N = 1\,kg \cdot m/s^2$$

試回答以下問題。

①地球上，質量 50 kg 的人，受到的重力大小 F 是多少 N？

②地球上，質量 200 g 的蘋果，受到的重力大小 F 是多少 N？

③地球上，受 1 N 重力的物體，質量是多少 g（請將小數第一位四捨五入）？

其中，設重力加速度為 $g = 9.8$ m/s^2。

（解答在 p. 302）

重力加速度

質量 m 的質點，受到來自地球的重力大小 F 為固定值，可用常數 g 表示如下。

$$F = mg$$

這個常數 g 也叫做**重力加速度**（詳情請見第 3 章）。

●問題 2-4（一般化）

於時間 $t = 0$ 時，從原點以 (u, v) 的速度丟出球。設時間 t 時，球的位置 (x, y) 可表示如下：

$$\begin{cases} x = ut \\ y = -\frac{1}{2}gt^2 + vt \end{cases}$$

其中 u 為速度的 x 分量，v 為速度的 y 分量，g 為重力加速度，設 $t \geq 0$（由 p. 98）。

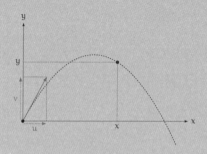

如果於時間 $t = t_0$ 時，從位置 (x_0, y_0) 以 (u, v) 的速度丟出球，那麼球在時間 t 的位置 (x, y) 該如何表示？設 $t \geq 0$。

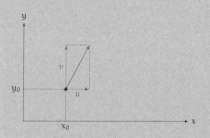

（解答在 p. 306）

●問題 2-5（由丟球結果得知的事）

於時間 $t = 0$ 時，從原點以速度 (u, v) 的速度丟出球，那麼時間為 t 時，球的位置 (x, y) 可表示如下（由 p. 98）：

$$\begin{cases} x = ut \\ y = -\frac{1}{2}gt^2 + vt \end{cases}$$

其中，u 為速度的 x 分量，v 為速度的 y 分量，g 為重力加速度，設 $t \geqq 0$。

試回答以下問題。

①將球以初速 100 km/h 垂直往上丟出。丟出後 3 秒，球比初始位置還要高多少 m（請將小數第一位四捨五入）？

②從懸崖上往海的方向，將球以初速 100 km/h 水平丟出，球在丟出後 3 秒落入海面。請問這個懸崖比海面高多少 m（請將小數第一位四捨五入）？

設重力加速度為 $g = 9.8$ m/s^2。

（解答在 p. 309）

●問題 2-6（從多高的地方丟球）

從高度為 H 的起點將球水平丟出，球落地時，與起點的水平距離為 L。如果改變起點的高度，不改變初速，那麼要從多高的地方丟出，才能使球落地時，與起點的水平距離為 $2L$？請用 H 表示這個高度。

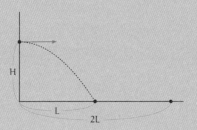

（解答在 p. 312）

第 3 章

萬有引力定律

「語言不是只有一種功能。」

3.1 在高中

蒂蒂：「請等一下！」

　　蒂蒂大聲叫住了我。
　　這裡是我們高中的圖書室。現在是放學後的時間。
　　我和學妹蒂蒂在圖書室聊天。
　　我們聊到前幾天的事，那時我正向表妹由梨說明「丟球的位置」。我提到了「由梨的疑問」。

我：「怎麼了呢？蒂蒂。」

蒂蒂：「我大概瞭解學長想講什麼。球被丟出後，飛行軌跡會是一條拋物線。這件事可以從牛頓運動方程式與積分推導出來──是這樣沒錯吧？」

我：「嗯，就是這樣。」

蒂蒂：「可是……人家也不曉得該怎麼回答由梨的疑問才好。因為我也有同樣的疑問！」

我：「原來如此。」

由梨的疑問（再次列出）

球被丟出後，於時間 t 時，球在 y 方向的加速度 $a_y(t)$ 為

$$a_y(t) = -\frac{F}{m} \qquad （固定）$$

F 是地球對球施加的重力大小，m 是球的質量。由這個式子似乎可以看出，質量越大，y 方向上的加速度 $a_y(t)$ 應該會越接近 0 才對，這樣不是很奇怪嗎？

蒂蒂：「質量 m 越大，分母就越大，那麼 y 方向的加速度 $a_y(t)$ 應該會接近 0 才對。當加速度接近 0，速度應該不會有什麼變化。這表示，如果有兩個質量不同的球從高速落下，那麼質量較大球會比較晚掉到地面……是這樣嗎？」

我：「用萬有引力定律，就可以回答這個疑問囉。因為萬有引力定律可以計算出地球對球施加的重力 F。」

蒂蒂：「我是知道萬有引力定律啦……」

蒂蒂眨著她的大眼看向我。

我：「由牛頓發現的**萬有引力定律**可以知道，地球對球施加的**重力大小與球的質量成正比**。也就是說，質量變為 2 倍時，重力大小也會變成 2 倍；質量變為 3 倍時，重力大小也會變成 3 倍。所以，地球對質量 m 的質點施加的重力大小 F，

可用比例常數 g 表示如下。

$$F = mg$$

這裡的常數 g 叫做**重力加速度**[*1]。」

蒂蒂:「質量 m 的質點,受到的重力大小是 mg 嗎?」

我:「是啊。讓我們重新想想看,當質量 m 的質點在空中只受到重力,會是什麼狀況吧。為了不要混淆符號的使用,這裡我們定義垂直往下為正向。」

由加速度定律
$$F = ma$$

由萬有引力定律
$$F = mg$$

蒂蒂:「有兩個圖。」

我:「沒錯。左圖為加速度定律,也就是牛頓運動方程式所描述的狀況。質量 m 的質點受到重力 F 作用時,設質點的加速度為 a,那麼以下等式成立。

$$F = ma$$

這就是力與加速度的關係式。」

蒂蒂:「是的,這就是牛頓運動方程式。」

[*1]　重力加速度 $g = 9.80665 \text{ m/s}^2$。

我：「而右圖則是用<u>萬有引力定律</u>描述同一狀況的樣子。質量 m 的質點受到重力 F 作用時，我們可用重力加速度常數 g 描述 F 如下：

$$F = mg$$

這條式子可表示重力大小。」

蒂蒂：「用兩種定律來描述同一種狀況嗎？」

我：「沒錯。由加速度定律可以知道，質點受到的力等於 ma。而施加在質點上的力只有重力，由萬有引力定律可以知道，重力為 mg。所以這條等式成立

$$ma = mg$$

兩邊同除以 m，可以得到

$$a = g$$

這條式子的意義如下：

　　『質量 m 的質點的加速度』＝『重力加速度』。」

蒂蒂：「這表示，因為重力加速度是常數——」

我：「沒錯，因為重力加速度是常數，所以 $a = g$ 這個等式就代表『不管物體的質量有多大，重力所產生的加速度大小都一樣』。」

蒂蒂：「那我就懂了。這樣人家也可以回答由梨的疑問了。由加速度定律可以知道，如果質量變為 2 倍，加速度會變成

$\dfrac{1}{2}$，但這是在受力固定時的情況。由萬有引力定律可以知道，如果質量變為 2 倍，重力大小也會變成 2 倍，$\dfrac{1}{2}$ 和 2 會彼此抵消，所以加速度為固定值。」

蒂蒂一邊說明，雙手一邊上上下下動來動去。我想她應該是想要用手勢表達 $\dfrac{1}{2}$ 和 2 彼此抵消的概念吧。

我：「是啊。回到『由梨的疑問』中的式子，可以看到以 m 約分時，彼此抵消的樣子喔。」

$$
\begin{aligned}
a_y(t) &= -\frac{F}{m} && \text{由牛頓運動方程式得到的式子}\\
&= -\frac{mg}{m} && \text{由萬有引力定律得到 } F = mg\\
&= -g && \text{以 } m \text{ 約分}
\end{aligned}
$$

蒂蒂：「$a_y(t) = -g$ 得到的是一個負的常數耶。」

我：「在我教由梨如何計算時，定義垂直往上是正向，所以 $a_y(t) = -g$ 表示加速度是垂直往下。」

蒂蒂：「好的。剛才提到的

$$
a_y(t) = -\frac{F}{m} \qquad （固定）
$$

這個式子中，原本以為——m 變大時 $a_y(t)$ 會接近 0。但質量 m 變大的時候，F 也會跟著變大，所以 $a_y(t)$ 會保持固定對吧。」

我：「沒錯沒錯。請看 $a_y(t) = -\dfrac{F}{m}$ 這個式子。由梨之所以會覺得『當 m 變大，$a_y(t)$ 會接近 0』，是因為她誤以為『m 改變時，重力 F 仍保持固定』。事實上，質量 m 改變時，重力 F 也會跟著改變。」

蒂蒂：「原來如此，我懂了！」

蒂蒂會隨時注意自己是不是真的理解了一個問題。所以她說的「我懂了」相當有價值。

我：「所以說，在只有地球重力作用的條件下，質量不同的兩個物體從相同的高度同時落下時，會同時抵達地面。舉例來說，如果使用質量大到能無視空氣阻力的球，我們便能用實驗證明，質量不同的球會同時抵達地面。」

蒂蒂：「是的，就是伽利略的實驗對吧？他從比薩斜塔頂端丟下質量不同的鉛球，而這些鉛球會同時抵達地面。」

我：「嗯，就是這樣。據說伽利略並沒有實際進行這個實驗，但由加速度定律與萬有引力定律，可以推導出這樣的結果，也可以由實驗確認。」

蒂蒂：「從高處落下，從高處落下，從高處——唉呀？請等一下。距離又該怎麼辦呢？」

我：「距離？」

蒂蒂：「我記得，萬有引力定律有提到，重力與『距離的平方成反比』對吧？」

我：「嗯，是這樣沒錯。以下是萬有引力定律。」

3.2 萬有引力定律

萬有引力定律

有兩個質點，質量分別為 m 與 m'，相距為 r。此時，兩質點間存在**重力**的作用。重力沿著兩點連線之直線方向作用，使兩質點彼此吸引，大小為：

$$G\frac{mm'}{r^2}$$

也就是說，重力大小與質量乘積成正比，與距離的平方成反比。這裡的 G 叫做**萬有引力常數**，是一個常數[*2]。

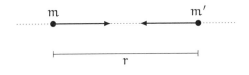

蒂蒂：「『與距離、的平方、成反比』是個讓人唱起歌來的節奏呢！不過，先把這個放一邊——」

我：「還有什麼讓妳在意的地方嗎？」

---

*2 萬有引力常數（重力常數）G 約為 $6.67 \times 10^{-11}\ m^3 \cdot Kg^{-1} \cdot S^{-2} = 6.67 \times 10^{-11}\ N \cdot m^2/kg^2$。

蒂蒂：「剛才提到『重力的大小與質量成正比』。不過，萬有引力定律提到，重力大小『與距離的平方成反比』。那不就表示，球在掉落的途中，重力的大小會跟著改變嗎？」

我：「嗯，嚴格來說確實會改變。蒂蒂的想法是對的。不過，和地球的半徑相比，我們現在考慮的球的所在高度差異相當小，所以這個重力的變化可以直接無視。」

蒂蒂：「地球的半徑？」

我：「是的。剛才提到的萬有引力定律說明『擁有質量的所有物體會彼此吸引』。把這個定律套用到地球上，就知道為什麼可以無視重力變化了。」

將萬有引力定律套用到地球上

設球的質量為 m，地球的質量為 M，並將兩者都視為質點。設地球半徑為 R，如果球所在的高度和 R 相比小到可以無視，那麼球與地球的距離可視為 R。此時由萬有引力定律可以知道，球與地球之間的重力大小如下：

$$G\frac{mM}{R^2}$$

且重力沿著地球中心與球中心連線的直線方向作用。

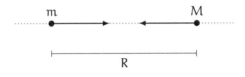

蒂蒂：「也就是將 M 換成 m'，R 換成 r 對吧？」

我：「就是這樣，代入後可以得到

$$G\frac{mm'}{r^2} = G\frac{mM}{R^2}$$

將地球視為質點時，就像是把地球所有質量都看成是集中於地球中心[*3]。這表示，嚴格來說，地球與球的距離是地球半徑 R 再加上球所在的高度。不過和 R 相比，球的高度小到可以無視。」

---

*3 可以把質量看成是集中於地球中心的原因，請參照參考文獻 [16]。

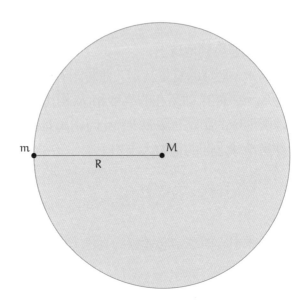

蒂蒂:「地球半徑 R 大概有多大呢?」

我:「我記得地球的圓周約為 40000 km,這個數字除以 2π,也就是 6.28,就可以得到半徑,應該大於 6000 km 喔[*4]。」

蒂蒂:「6000 km 以上……」

我:「就算球從 60 m 高的地方掉落到 0 m,兩個位置的重力也幾乎沒有差異。假設半徑是 6000 km,由以下計算

$$\frac{60\ \text{m}}{6000\ \text{km}} = \frac{60\ \text{m}}{6000000\ \text{m}} = 0.00001 = 0.001\ \%$$

[*4] 地球的赤道半徑約為 6378 km。

可以知道，兩地重力只差了 0.001 %。所以說，質量 m 的
球所受到的重力大小幾乎與高度無關，皆可視為：

$$G\frac{mM}{R^2} = m\underbrace{\frac{GM}{R^2}}_{=g}$$

其中 G 為萬有引力常數，M 為地球質量，R 為地球半徑，
重力加速度 g 為常數。」

蒂蒂：「改變視角還蠻有趣的耶！」

我：「改變視角？」

蒂蒂：「『球掉下來』的描述就像是從地面上看這件事，『球
　　　與地球彼此吸引』的描述則像是在與地面有一定距離的地
　　　方看這件事。」

我：「原來如此，是指太空的視角啊。」

蒂蒂：「『球掉下來』就像是在描述眼前的球的運動。『球與
　　　地球彼此吸引』就像是在描述世界各國的球都會被地球吸
　　　引一樣，不管球在哪裡，都會朝著地球中心『掉落』對吧？」

蒂蒂突然閉上嘴，認真地看著我。

我：「？」

蒂蒂：「太神奇了！研究球的運動時，我們將運動分成了x分量
　　　與 y 分量，分別建立了牛頓運動方程式。但宇宙並不曉得

我們決定的座標軸是什麼方向對吧？明明座標軸是人類自己決定的，為什麼可以順利算出結果呢？」

3.3　人為決定的座標軸

我：「蒂蒂很厲害耶！我在物理課上學習質點的運動時，不會想到這樣的問題。從結論來說，不管如何決定 x 軸與 y 軸的方向，每個分量的牛頓運動方程式都會成立，這就是我們所在宇宙的性質。我們可以用實驗來確認這個性質。」

蒂蒂：「擁有這個性質的宇宙不是很厲害嗎？」

我：「很厲害啊！每個分量的牛頓運動方程式都會成立，所以可以從向量的角度思考。」

蒂蒂：「向、向量！」

我：「計算向量的和、差、實數倍時，可以分解成各個分量，分別計算。在我教由梨計算時，我們分解成了 x 方向與 y 方向，建立了兩條牛頓運動方程式：

$$\begin{cases} F_x = ma_x \\ F_y = ma_y \end{cases}$$

不過，如果用**向量**來表示力與加速度，那麼這兩條牛頓運動方程式就可以表示成單一式子：

$$\vec{F} = m\vec{a}$$

不管是力，還是加速度，都可以分解成互不影響的 x 分量與 y 分量，可以分開來獨立計算。」

蒂蒂：「那個……人家好像還是不大明白『分解成各個分量來計算』和『向量』之間有什麼關係？」

我：「那我們就把分量說明得更好懂一點吧！我們可以分別寫出 x 分量與 y 分量的牛頓運動方程式如下：

$$\begin{cases} F_x = ma_x \\ F_y = ma_y \end{cases}$$

如果將這兩個等式改寫成向量形式，會變成這樣

$$\begin{pmatrix} F_x \\ F_y \end{pmatrix} = \begin{pmatrix} ma_x \\ ma_y \end{pmatrix}$$

為了讓各方向的對應一目瞭然，所以前面寫成了縱向量。當然，也可以寫成這樣：

$$(F_x, F_y) = (ma_x, ma_y)$$

到這裡沒問題吧？」

蒂蒂：「是、是的。因為只是改寫等式而已，這樣還沒有問題。」

我：「將 m 提到括弧外，這可以想成是把向量乘以 n 倍。

$$\begin{pmatrix} F_x \\ F_y \end{pmatrix} = m \begin{pmatrix} a_x \\ a_y \end{pmatrix}$$

接著，將力的向量改寫成 F，將加速度的向量改寫成 a。也就是定義：

$$\vec{F} = \begin{pmatrix} F_x \\ F_y \end{pmatrix}, \quad \vec{a} = \begin{pmatrix} a_x \\ a_y \end{pmatrix}$$

就可以得到

$$\vec{F} = m\vec{a}$$

簡單來說，這就是牛頓運動方程式的向量形式。力與加速度的關係，可以想成是力的向量與加速度的向量之間的關係。」

蒂蒂：「向量嗎？」

我：「加速度→速度→位置的積分，也是向量的積分喔。」

蒂蒂：「向量的積分……！」

我：「不不，這一點都不難喔。就只是把各個分量積分起來而已。」

蒂蒂：「……我大概可以理解力、加速度、速度是向量。但是位置也是向量嗎？」

我：「嗯，就是這樣。考慮一個從原點 O 指向點 P 的箭頭，那麼向量 OP 就可以說是點 P 的『位置向量』。」

蒂蒂：「啊，這麼說來，好像還有位置向量這個東西[*5]。」

我：「計算出位置向量的差，就可以得到『位置的變化』，也叫做『位移向量』喔。」

*5 請參考《數學女孩秘密筆記：向量篇》。

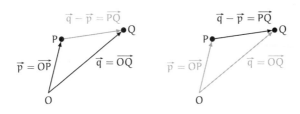

位置向量與位移向量

蒂蒂:「原來如此……」

我:「位移向量除以花費時間,再對花費時間取微小的極限,就可以得到『速度向量』。」

蒂蒂:「這和先計算各分量之後,再轉變成向量的結果一樣嗎?」

我:「就是這樣!同樣的,取速度向量的差,除以花費時間,再取其極限,就可以得到『加速度向量』。牛頓運動方程式所描述的加速度定律,可說是說明了『力的向量』是『加速度向量』的質量倍的定律。」

蒂蒂:「……學長,可以問一個有點奇怪的問題嗎?」

我:「奇怪的問題?」

　　蒂蒂一邊翻著她的筆記本,一邊小聲地說話,讓我也不自覺地降低音量。

3.4　積分

蒂蒂：「在討論物理的時候，會出現許多數學。譬如向量、微分、積分……」

我：「嗯。」

蒂蒂：「加速度→速度→位置就是積分吧？」

我：「是啊。」

蒂蒂：「這裡的積分——和數學的積分一樣對吧？和這個一樣嗎？

$$\overset{x}{\underset{\tfrac{1}{2}x^2 + C}{\huge\curvearrowright}}\ \text{對 } x \text{ 積分}$$

C 是積分常數。」

我：「當然一樣囉。對時間積分後，可以依序得到加速度→速度→位置，而這就和數學的積分一模一樣。所以對 x 的 n 次方積分時可以得到

$$\overset{x^n}{\underset{\tfrac{1}{n+1}x^{n+1} + C}{\huge\curvearrowright}}\ \text{對 } x \text{ 積分}$$」

蒂蒂：「是這樣沒錯……」

我：「數學中，我們常對 x 積分，不過在物理中，我們常對 t 積分。變數不同時，式子給人的印象也不大一樣，不過做的事都一樣喔。『對哪個變數積分』是件重要的事。」

蒂蒂：「好的。」

我：「舉例來說，假設將常數 A 對 x 積分，會得到……

$$A$$
$$Ax + B$$
$$\tfrac{1}{2}Ax^2 + Bx + C$$

對 x 積分

對 x 積分

同樣的，將常數 A 對 t 積分，會得到……

$$A$$
$$At + B$$
$$\tfrac{1}{2}At^2 + Bt + C$$

對 t 積分

對 t 積分

雖然使用的字母不同，式子的形式卻完全相同。」

蒂蒂：「這裡的 B 與 C 也是常數嗎？」

我：「啊，抱歉抱歉。沒錯，B 與 C 是積分常數。微分之後常數會消失，相反的，積分之後會出現新的常數，那就是積分常數。質點運動中，具體的積分常數就代表初始值。」

蒂蒂：「？」

我：「舉例來說，假設加速度 a 固定，對時間 t 積分時，會得到

$$a$$
$$at + v_0$$
$$\tfrac{1}{2}at^2 + v_0 t + y_0$$

對 t 積分

對 t 積分

這樣就可以求出速度與位置。而這裡的初速 v_0 與初始位置 y_0 就相當於積分常數。」

蒂蒂：「啊啊……確實，提到積分常數就會讓我想到C。不過這
　　　　裡的積分常數指的是初速 v_0 和初始位置 y_0 才對。」

我　：「物理領域中，常會用 v_0 或 y_0 等下標來表示特定數值。要
　　　　是沒有給定初速，就無法計算出『加速度為 a 時，時間 t 的
　　　　速度為何？』的答案；要是沒有給定初速與初始位置，就
　　　　無法計算出『加速度為 a 時，時間 t 的位置為何？』的答
　　　　案。總之，物理領域的積分和數學領域的積分是同一件事
　　　　喔。」

蒂蒂沉默了一陣子。

她平常思考問題時，都會追根究柢地一直問下去。今天似
乎比較特別……

蒂蒂：「如果知道了力，就可以用牛頓運動方程式算出加速度。
　　　　知道了加速度，就可以用積分算出速度與位置──用積分
　　　　這種數學工具計算出物理量，很厲害不是嗎？」

我　：「是啊。」

蒂蒂：「那麼，物理學與數學的界線究竟在哪裡呢？」

我　：「咦？」

3.5　物理學與數學的界線

蒂蒂：「將牛頓運動方程式積分後，可以算出球的位置。那麼，
　　　　哪個部分是物理學，哪個部分是數學呢？」

我：「呃……」

蒂蒂：「考慮球飛行的樣子，這個部分是物理學對吧？但不知道從何時開始，卻開始用了積分這種數學工具。人家不曉得兩者的界線在哪裡。」

我：「原來如此。物理學和數學間的界線啊……」

蒂蒂：「是的。人家似乎還是沒辦法完全接受『用積分就可以算出答案』這件事。畢竟球的運動是這個世界發生的事不是嗎？」

我：「這個世界？」

蒂蒂：「雖然說是這個世界，不過我指的其實就是我們所在的這個宇宙。我覺得數學似乎不會被這個宇宙束縛住的樣子。既然如此，為什麼我們可以用數學上的積分來研究這個宇宙呢？」

我：「我覺得關鍵應該還是在牛頓運動方程式喔。」

蒂蒂：「是嗎？」

我：「我覺得牛頓運動方程式就像是用『數學上的方式』描述『物理學上的現象』。而所謂數學上的方式，就是指數學式。」

蒂蒂：「對……沒錯！」

我：「『物理學的世界』與『數學的世界』原本是『兩個世界』。而用數學式描述物理學的現象，就像是從『物理學的世界』架一座橋到『數學的世界』一樣。」

蒂蒂:「架一座橋……」

我:「先走過名為『數學式』的橋,來到『數學的世界』後,就可以在『數學的世界』中,運用各種數學概念為數學式變形。接著再沿著橋走回來,就可以將『數學的世界』中得到的結果帶回『物理學的世界』!『數學的世界』中累積了許多數學家們的研究結果,譬如函數、向量、微分、積分……。他們也會研究這些數學上的對象可以進行什麼樣的計算,邏輯上又可以推論出什麼樣的結果。」

蒂蒂:「牛頓運動方程式就是橋嗎?」

我:「是啊。牛頓運動方程式就是用向量與微分,表示『力』與『加速度』的關係。這可以說是連接『物理學的世界』與『數學的世界』的一條重要的橋喔。計算完後,再把推導出來的結果帶回『物理學的世界』。」

蒂蒂:「是的……這樣我就懂了。因為之前的我們就像這樣,在『兩個世界』來來去去。」

我:「嗯嗯。那──這樣蒂蒂可以接受了嗎?」

蒂蒂:「是的,可以接受。我知道我之前是哪裡誤會了。我之前一直以為,數學式變形的某個過程,會從物理學轉變成數學。但事實上,數學式變形的過程中,不會突然從物理學切換成數學。相對的,牛頓運動方程式本身就是『橋』,對吧?」

我:「嗯,我就是這麼想的。」

蒂蒂：「我確實理解到，用牛頓運動方程式——也就是向量與
　　　微分——來表示加速度定律，是一件很厲害的事了。向量
　　　和微分各有各的特殊性質，居然可以用來描述加速度定
　　　律！」

我：「是啊。各個分量還可以分別積分。」

蒂蒂：「是的！數學沒有被這個宇宙束縛，還能反過來用數學
　　　來表現這個宇宙！」

我：「就是這樣。這正是所謂的『數學是語言』。牛頓運動方
　　　程式可以說是牛頓跨越了時代送給我們的訊息。」

蒂蒂：「是的。不僅如此！或許發現運動方程式的人是牛頓，不
　　　過追本溯源，這其實是來自自然界的訊息！而且——」

我：「……」

蒂蒂臉頰泛紅地用力說著。

蒂蒂：「雖然我們不能用數學式直接和自然界對話，但可以用
　　　牛頓運動方程式那麼簡潔有力的數學式來描述的物理定
　　　律，居然存在於這個宇宙，這件事實在太神奇了！」

我：「嗯……」

蒂蒂：「在描述球的位置時，假設重力加速度是 g，可以寫出
　　　這樣的式子：

$$-\frac{1}{2}gt^2 + v_0t + y_0$$

但人家看到這個式子的時候……總會不自覺地認為『很困

難』。不過，這個式子可以充分描述我們所在宇宙中的許多現象對吧？」

我：「嗯嗯！」

蒂蒂：「重力加速度為固定值、力與加速度成正比、加速度對時間積分後可以得到速度、速度對時間積分後可以得到位置——這些東西全都衍生自這條數學式。想到這點，就覺得這個看起來很困難的數學式變得親切許多……」

蒂蒂一邊說著，兩手在胸前握拳。

我：「……」

蒂蒂：「宇宙真的很厲害耶！」

我：「……嗯。蒂蒂也很厲害喔！」

3.6　不只是為了標出位置

蒂蒂：「話說回來，物理學真的會用到很多數學耶，也有許多公式。」

我：「雖然參考書列出了許多公式，不過像是質點的加速度、速度、位置，都可以由萬有引力定律、牛頓運動方程式、積分推導出來。差別只在於最初的位置、初速，還有如何選擇座標軸而已。」

蒂蒂：「是的。」

我：「舉例來說，假設重力加速度是 g，位置函數如下：

$$y(t) = -\frac{1}{2}gt^2 + v_0 t + y_0 \quad \cdots\cdots \spadesuit$$

光這條式子，就可以對應到多種丟球方式。舉例來說，假設我們從高度為 0 的地方，將球垂直往上丟，那麼球在時間 t 時的高度就是：

$$-\frac{1}{2}gt^2 + v_0 t$$

只要令 $\spadesuit$ 式中 $y_0 = 0$ 就可以了。」

蒂蒂：「因為是『往上丟』，所以 $v_0 > 0$ 對吧？」

我：「嗯，沒錯。除此之外，我想想……自由落體時，若要計算時間 t 以前落下了多少距離，只要令 $\spadesuit$ 式中的 $v_0 = 0$、$y_0 = 0$，再計算絕對值 $|y(t)|$ 就可以了。也就是計算

$$\frac{1}{2}gt^2$$ 」

蒂蒂：「因為『自由落體』必須滿足 $v_0 = 0$ 的條件嗎？」

我：「沒錯沒錯。我們不需依照丟球方式，分成上拋的公式、自由落體的公式、下拋的公式，只要單純依照 v_0 分類就可以了。$v_0 > 0$ 時為上拋、$v_0 = 0$ 時為自由落體、$v_0 < 0$ 時為下拋。」

蒂蒂：「是的。給定 v_0 與 y_0 數值，便可表示各種丟球方式──這個我理解了。還有就是，決定方向的正負也很重要對吧？我真的很常弄錯。」

我：「很重要喔。」

蒂蒂：「可是學長，就算可以推導出公式，要是沒背起來，就沒辦法迅速解出答案不是嗎？這樣每次解題都要算一遍積分。」

我：「不過，最後得到的式子只有這樣而已喔。」

♣僅受重力作用之質點在垂直方向的運動

設垂直方向，往上為正向，重力加速度為 g。那麼僅受重力作用之質點，於時間 t 的加速度、速度、位置在垂直方向的分量如下所示：

$$\begin{cases} \text{加速度 } a(t) = -g \\ \quad \text{速度 } v(t) = -gt + v_0 \\ \quad \text{位置 } y(t) = -\frac{1}{2}gt^2 + v_0t + y_0 \end{cases}$$

這裡設 v_0 與 y_0 分別是時間 0 時的速度與位置。

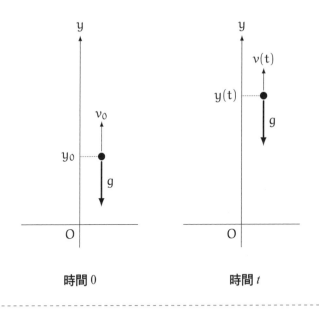

蒂蒂：「確實是這樣沒錯啦……」

我：「算過很多次積分之後，就會自然而然地記下來囉。記下

來之後，就可以瞬間完成積分……如果想知道有沒有積錯，也可以把它微分回來確認。」

蒂蒂：「畢竟與質點運動有關的題目，都是以求出質點在某時間的位置為目標嘛。」

我：「位置很重要，不過也有題目是反過來喔。」

蒂蒂：「反過來……是什麼意思？」

我：「我們不只能回答『質點於某時間時位於何處？』也能回答『質點會於何時來到特定位置？』。位置是『時間的函數』這點很重要喔。」

蒂蒂：「總覺得……不是很懂耶。」

我：「那就來看看一個具體的問題吧。」

3.7 丟出去的球回到原處的時間點

問題 3-1（垂直上拋）
於時間 0 時，從地面將球垂直往上拋，試求出球回到地面的時間 t_{return}。設初速為 v_0，重力加速度為 g。

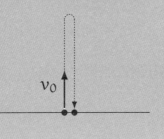

蒂蒂：「丟出球，再計算球回到原處的時間……原來如此。這樣我就懂剛才學長你說的『質點會於何時來到特定位置？』是什麼意思了。也就是要求特定的時間對吧？」

我：「解得出來嗎？」

蒂蒂：「嗯，應該解得出來。時間為 t 時，球的位置如下[*6]

$$y(t) = -\tfrac{1}{2}gt^2 + v_0t + y_0$$

[*6] 請參考「♣僅受重力作用之質點在垂直方向的運動」（p. 133）。

假設垂直方向，往上為正向。設地面位置為 $y_0 = 0$，那麼 $y(t)$ 就是

$$y(t) = -\tfrac{1}{2}gt^2 + v_0 t$$

所以，球回到地面的時間 t_{return}，就是位置等於 0 的時間。也就是說，使以下等式成立的 t 就是 t_{return}。

$$y(t) = 0$$

這麼一來，只要解這個與 t 有關的二次方程式就行了！

$$-\tfrac{1}{2}gt^2 + v_0 t = 0$$

把 t 提出括號

$$t(-\tfrac{1}{2}gt + v_0) = 0$$

然後因式分解，可以得到

$$t = 0 \quad 或 \quad -\tfrac{1}{2}gt + v_0 = 0$$

所以說

$$t = 0 \quad 或 \quad t = \frac{2v_0}{g}$$

……是這樣嗎？」

我：「嗯，沒有錯。」

蒂蒂：「但這樣就有 $t = 0$ 和 $t = \dfrac{2v_0}{g}$ 兩個解……啊，$t = 0$ 是把球丟出的瞬間，球在這個時間的位置確實是 0。」

我：「嗯嗯，所以這個方程式確實應該要有兩個解才對。如果規定要『回到地面』的時間，就必須加上 $t > 0$ 的條件。」

蒂蒂：「是的。所以回到地面的時間是 $t_{return} = \dfrac{2v_0}{g}$。」

解答 3-1（垂直上拋）
設從地面將球垂直上拋時，初速為 v_0，那麼球回到地面的時間 t_{return} 為：

$$t_{\text{return}} = \frac{2v_0}{g}$$

我：「正確答案！」

蒂蒂：「位置可以表示成時間的二次函數，所以『求時間』就相當於在『解二次方程式』！」

3.8　丟出去的球回到原處的速度

我：「我們還可以利用解答 3-1，解出球回到地面時的質點速度喔。」

蒂蒂：「是啊。因為球在時間 t 的速度為[*7]

$$v(t) = -gt + v_0$$

將解答 3-1 求得的 $t_{return} = \dfrac{2v_0}{g}$ 代入這個式子。

[*7] 請參考「♣僅受重力作用之質點在垂直方向的運動」（p. 133）。

$$v(t_{\text{return}}) = -gt_{\text{return}} + v_0$$
$$= -g\frac{2v_0}{g} + v_0$$
$$= -2v_0 + v_0$$
$$= -v_0$$

最後得到：

$$v(t_{\text{return}}) = -v_0$$

……原來如此，回到地面時的速度與初速方向相反，大小相同是嗎？」

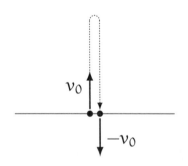

我：「沒錯。$v(t_{return}) = -v_0$ 的物理意義就是這樣。這表示球回到地面時的速度，與球剛被丟出時的速度大小相同。」

蒂蒂：「這很有趣耶。只要知道球來到特定位置的時間，就可以由時間求出速度。這就像是在預測未來一樣！」

我：「預測未來──啊，確實如此。」

蒂蒂：「球被丟出的瞬間，初速是 v_0。而在這個瞬間，就能夠算出未來的事——也就是球會在時間為 t_{return} 時回到地面，也可以算出那時的速度。」

我：「而且因為

$$t_{return} = \frac{2v_0}{g} > 0$$

所以這確實是未來發生的事。」

蒂蒂：「這樣我似乎有些瞭解為什麼是『時間的函數』這點那麼重要了。只要知道在什麼時間發生，就可以知道那個時間的位置與速度。」

我：「解答 3-1 中，球回到地面——也就是回到同一個位置時，速度與剛被丟出時大小相同，也就是擁有對稱性。」

蒂蒂：「球回到地面時的速度，會等於球被丟出時的速度——這是『物理學上』的現象，我們可以透過萬有引力定律與加速度定律，改用『數學上』的方式描述這個現象。而在這個過程中，並沒有產生新的『定律』。」

我：「嗯！就是這樣！」

蒂蒂：「但我覺得，萬有引力定律與加速度定律似乎還能告訴我們些什麼的樣子……」

3.9　丟出去的球可以飛到多高

我：「譬如說，我們也能從這兩個定律知道球被丟出後，可以
　　飛到多高喔。」

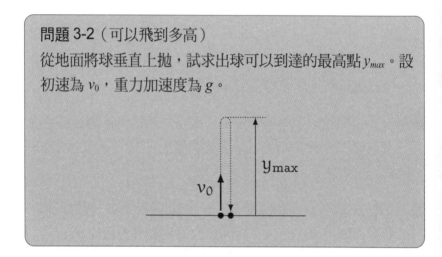

問題 3-2（可以飛到多高）
從地面將球垂直上拋，試求出球可以到達的最高點 y_{max}。設
初速為 v_0，重力加速度為 g。

蒂蒂：「原來如此，只要求出高度的最大值就可以了吧！」

我：「沒錯。這題就是要求出位置函數 $y(t)$ 的最大值。」

♣僅受重力作用之質點在垂直方向的運動

設垂直方向，往上為正向，重力加速度為 g。那麼僅受重力作用之質點，於時間 t 的加速度、速度、位置在垂直方向的分量如下所示：

$$\begin{cases} \text{加速度 } a(t) = -g \\ \text{速度 } v(t) = -gt + v_0 \\ \text{位置 } y(t) = -\frac{1}{2}gt^2 + v_0t + y_0 \end{cases}$$

這裡設 v_0 與 y_0 分別是時間 0 時的速度與位置。

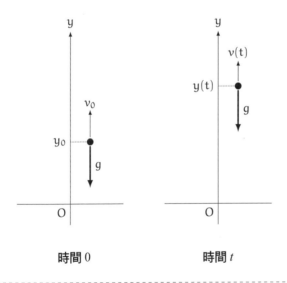

時間 0　　　　時間 t

蒂蒂：「『球被丟出後可以飛到多高』這個問題，就相當於『二次函數 $y(t)$ 的最大值是多少』……啊啊，『物理學的世界』和『數學的世界』真的都連結在一起耶！『球被丟出後可

以飛到多高』這個物理學問題，漂亮地連結到了『二次函數 $y(t)$ 的最大值是多少』這個數學問題。」

我：「嗯，就是這樣。如果要求出最大值⋯⋯」

蒂蒂：「啊，讓我試試看！要配方對吧？」

$$
\begin{aligned}
y(t) &= -\frac{1}{2}gt^2 + v_0 t + y_0 && \text{由 p.141 的♣}\\
&= -\frac{1}{2}gt^2 + v_0 t && \text{設 } y_0 = 0\\
&= -\frac{g}{2}\left(t^2 - \frac{2v_0}{g}t\right) && \text{提出} -\frac{g}{2}\\
&= -\frac{g}{2}\left(t^2 - \frac{2v_0}{g}t + \left(\frac{v_0}{g}\right)^2 - \left(\frac{v_0}{g}\right)^2\right) && \text{配方的準備}\\
&= -\frac{g}{2}\left(t^2 - \frac{2v_0}{g}t + \left(\frac{v_0}{g}\right)^2 - \left(\frac{v_0}{g}\right)^2\right) && \text{這個部分為完全平方式}\\
&= -\frac{g}{2}\left(\left(t - \frac{v_0}{g}\right)^2 - \left(\frac{v_0}{g}\right)^2\right) && \text{配方}\\
&= -\frac{g}{2}\left(t - \frac{v_0}{g}\right)^2 + \frac{g}{2}\left(\frac{v_0}{g}\right)^2 && \text{拆開括號}\\
&= -\frac{g}{2}\left(t - \frac{v_0}{g}\right)^2 + \frac{v_0^2}{2g} && \text{計算}
\end{aligned}
$$

我：「解出來了呢。」

蒂蒂：「這答案沒錯吧？隨著時間 t 的變化⋯⋯」

$$y(t) = -\frac{g}{2}\left(\boxed{t} - \frac{v_0}{g}\right)^2 + \frac{v_0^2}{2g}$$

……這個括號內的東西變成 0 時，$y(t)$ 會是最大值。所以說

在 $t - \dfrac{v_0}{g} = 0$ 的時候，$y(t)$有最大值 $\dfrac{v_0^2}{2g}$

是這樣沒錯吧！」

我：「嗯，就是這樣沒錯。球最高可以飛到的 $\dfrac{v_0^2}{2g}$ 地方。」

解答 3-2

$$y_{\max} = \frac{v_0^2}{2g}$$

蒂蒂：「做出來了！」

我：「而且這個不等式確實成立

$$0 < \frac{v_0}{g} < \frac{2v_0}{g} \quad 」$$

蒂蒂：「這個不等式……是什麼意思呢？」

我：「括弧為 0 時，$y(t)$ 為最大。假設此時的時間為 t_{max}，那麼 t_{max} 會是這個值吧：

$$t_{max} = \frac{v_0}{g}$$

而以下不等式也會成立：

$$0 < t_{max} < t_{return} \text{」}$$

蒂蒂：「啊啊！這表示，球從被拋出到回到地面的過程中，會經過最高點對吧！」

我：「沒錯。」

蒂蒂：「原來如此，式子還可以這樣解讀。

$$\frac{v_0}{g} = \frac{1}{2} \times \frac{2v_0}{g}$$

也就是說，因為

$$t_{max} = \frac{1}{2} \times t_{return}$$

所以高度為最大值的時間點，正好是回到地面的時間點的一半——這裡也可以看到對稱性！」

我：「很厲害吧！」

蒂蒂：「光是解讀式子，就可以知道許多事耶。」

　　蒂蒂滿足地點了點頭。

我：「我們也可以用速度求出高度最大值喔。」

蒂蒂：「用速度求出高度最大值？」

3.10　求出速度的最大值

我：「問題 3-2 有另一種解法。我們知道時間為 t 時，速度如下[*8]：

$$v(t) = -gt + v_0$$

球抵達最高點的瞬間，速度為 0。所以只要求出滿足 $v(t) = 0$ 的 t 即可。因此要求出以下方程式的解。

$$-gt + v_0 = 0$$

移項後可解出 t 如下。

$$t = \frac{v_0}{g}$$

故答案如下：

$$t_{max} = \frac{v_0}{g} \quad \rfloor$$

蒂蒂：「啊，這樣馬上就能求出 t_{max} 了耶⋯⋯」

我：「當然，這和蒂蒂用配方法算出來的答案相同。此時的高 y_{max} 可以寫成這樣：

$$y_{max} = y(t_{max})$$

接下來只要照著計算，就可以得到答案了。」

[*8] 請參考「♣ 僅受重力作用之質點在垂直方向的運動」（p. 141）。

$$y(t) = -\frac{1}{2}gt^2 + v_0 t \qquad \text{由 p.141 的 ♣}$$

$$y(t_{max}) = -\frac{1}{2}gt_{max}^2 + v_0 t_{max} \qquad \text{以 } t = t_{max} \text{ 代入}$$

$$= -\frac{g}{2}\left(\frac{v_0}{g}\right)^2 + v_0\left(\frac{v_0}{g}\right) \qquad \text{以 } t_{max} = \frac{v_0}{g} \text{ 代入}$$

$$= -\frac{v_0^2}{2g} + \frac{v_0^2}{g} \qquad \text{拆開括號}$$

$$= \frac{v_0^2}{2g} \qquad \text{計算結果}$$

蒂蒂：「確實，和剛才計算出來的數值相同（p. 143）。」

我：「不管是將 $y(t)$ 配方，還是令 $v(t)=0$ 得到 t 再計算此時的 $y(t)$，都是正確的方法喔。不過，既然都將 $y(t)$ 對 t 微分成 $v(t)$ 了，這樣算會輕鬆許多。」

蒂蒂：「這個另解應該也借用了『物理學的世界』的性質吧？」

我：「？」

蒂蒂：「因為它借用了『抵達最高點的瞬間，速度為 0』的性質。」

我：「原來如此！確實是這樣沒錯……」

蒂蒂：「原來連這裡都有關聯啊……『求算高度最大值時，先求出使速度大小為 0 的時間』這種想法與『求二次函數的最大值時，先求出微分後的值等於 0 的 t』這種想法有關。」

我：「嗯，是這樣沒錯。想瞭解質點的運動時，會把焦點放在

質點的位置、速度、加速度。計算出位置、速度、加速度後，就可以清楚知道質點如何運動。這就像是當我們想瞭解函數，會透過微分得到這個函數的導函數一樣。」

蒂蒂：「那個，就是啊……我以前覺得，求算位置與速度時，就像是在算『數值』或『量』一樣。」

我：「嗯？」

蒂蒂：「雖然這樣也沒錯，不過我現在發現這比較像是在處理函數。」

蒂蒂做出了一個像是抓住一個長柄工具的動作。

我：「嗯，嗯……就是這樣！畢竟微分和積分就是這麼回事嘛！在考慮速度和加速度的時候，我們就是從函數的角度來思考。」

蒂蒂：「是的，就是這樣。因為位置和速度都是時間的函數，所以只要求出 t_{return} 或 t_{max} 等時間點，就可以知道所有事情！」

我：「不過，其實還有另一種完全不同的方法，可以在不透過時間的情況下，算出位置或速度喔。」

蒂蒂：「不透過時間的情況下……位置、速度都是時間的函數，計算它們時卻不用透過時間嗎？」

我：「嗯，只要能從能量的角度來思考。」

蒂蒂：「能量？」

重力定律是什麼呢？

存在於宇宙中的所有物體，

會受到來自其他所有物體的引力作用。

兩個物體之間的引力大小，與各自的質量成正比，

與兩物體間的距離平方成反比。這就是重力。[9]

---

[9]　參考自《費曼物理學講義 I 力學》[20]。

附錄：因次分析

我們可以用**因次**這個概念來描述物理量的種類。

面積可由長度的平方計算而來，體積則是長度的三次方。我們可以用 L 這個字母表示長度（Length），如下所示。

$$[面積] = [L^2]$$
$$[體積] = [L^3]$$

速度是長度除以時間，加速度是速度除以時間。我們可以用 T 這個字母表示時間（Time），如下所示。

$$[速度] = [LT^{-1}]$$
$$[加速度] = [LT^{-2}]$$

由牛頓運動方程式可以知道，力的因次為[質量×加速度]。我們可以用 M 這個字母表示質量（Mass），如下所示。

$$[力] = [MLT^{-2}]$$

描述物理量的等式中，等號兩邊的因次必定相同。如果是下面這種等式就沒有意義。

$$\underset{[M]}{1\,kg} = \underset{[L]}{2\,m} \quad （無意義）$$

　　另外，如果兩個物理量的因次不同，便無法計算它們的和或差。舉例來說，以下加法沒有意義。

$$\underbrace{1\,\mathrm{m/s^2}}_{[\mathrm{LT^{-2}}]} + \underbrace{2\,\mathrm{m/s}}_{[\mathrm{LT^{-1}}]} \quad （無意義）$$

　　如果是同一種物理量，那麼即使單位不同，因次也一樣。所以以下加法並非無意義。

$$\underbrace{1\,\mathrm{km}}_{[\mathrm{L}]} + \underbrace{500\,\mathrm{m}}_{[\mathrm{L}]} \quad （並非無意義）$$

　　因次可用於確認計算過程是否有誤，或者分析物理量之間的關係，這個過程叫做**因次分析**。

第 3 章的問題

●問題 3-1（萬有引力定律）

有一個火箭，與某星體中心的距離為 r。若希望星體與火箭間的萬有引力縮小到現在的 $\frac{1}{2}$，那麼火箭應該要移動到距離該星體中心多遠的地方才行？

（解答在 p. 315）

●問題 3-2（萬有引力的大小）

有兩個站著的人彼此距離 2 m。兩人質量皆為 50 kg。試求出此時作用在一人與另一人之間的萬有引力大小是多少 N。其中，設萬有引力常數 G 為 6.67×10^{-11} N·m²/kg²。請將結果寫成有效數字 2 位的科學記數，如 9.9×10^{n} N。

（解答在 p. 316）

第 4 章

力學能守恆定律

「不變的事物有賦予名字的價值。」

4.1 力學能守恆定律

我：「從地面往正上方——也就是垂直往上丟出球。那麼球回到地面時的速度，會與丟出球瞬間的初速方向相反，大小相同。我們剛才也有確認過這點對吧？」

蒂蒂：「是的，有確認過。我們算出了球的位置回到 0 的時間，以及此時的速度。因為位置和速度都是時間的函數[*1]。」

我：「這個方法正確無誤。不過如果用力學能守恆定律，確認這件事就簡單多了。」

蒂蒂：「我以前國中的時候有學過機械能守恆定律。這和力學能守恆定律一樣嗎？」

我：「嗯，名稱有很多種，不過都是指同一個東西喔。」

[*1] 請參考第 3 章 p.138。

蒂蒂:「我記得……這是在說總和固定的定律。」

我:「就是動能與位能的總和固定的定律喔。說明時會用到許多專有名詞,讓我們一個個來看吧。首先是動能。」

4.2 動能

動能

設質量 m 的質點以速度 v 移動。此時,質點的**動能**如下。

$$\tfrac{1}{2}mv^2$$

蒂蒂:「動能的定義是 $\dfrac{1}{2}mv^2$ 這個式子啊。」

我:「是啊。接著來說明這個式子吧。看到動能的式子 $\dfrac{1}{2}mv^2$ 含有速度 v,應該就能明白為什麼會是動能這個名字了吧。速度 v 越大——也就是動得越快——動能就越大。」

蒂蒂：「是的。從 $\frac{1}{2}mv^2$ 這個式子就可以看出這件事了。」

我：「也可以看出動能必定是大於 0 的數值對吧？」

蒂蒂：「咦？啊，對耶。$\frac{1}{2}mv^2$ 裡面含有 v 的平方。即使 v 是負數，平方後也會是正數。」

我：「嗯。所以速度的方向與動能無關。」

蒂蒂：「無關？」

我：「是的。不管質點朝哪個方向移動，只要速度大小不變，動能就不會改變。」

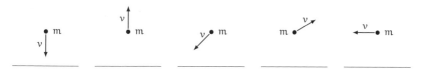

蒂蒂：「我懂了。」

我：「質點的速度可決定動能。再來，談談質點的位能吧。位能由質點的位置決定。」

蒂蒂：「由位置決定……」

4.3　位能

重力造成的位能

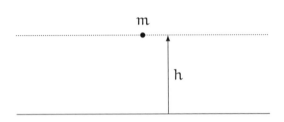

質量為 m 的質點在高度 h 的位置時，因重力而造成的質點位
能為

$$mgh$$

這裡的 g 是重力加速度。

我：「這就是由重力造成的位能喔。」

蒂蒂：「我來解讀這個式子！……位能的式子 mgh 不含速度 v，
　　　含有高度 h。這裡的高度就是指位置吧？」

我：「是啊。我們現在談的是重力造成的位能，所以定義垂直
　　往上為正向，所在位置為高度。所以說，質點越高，位能
　　就越大。」

蒂蒂：「若質點在地面，位能就是 0 吧？」

我：「嗯。定義地面高度為 0 時，$h = 0$，故 $mgh = 0$。另外，質點位置比地面高度低時，$h < 0$，所以 $mgh < 0$。此時位能為負，比 0 還要小。這是位能與動能的一大不同點。」

蒂蒂：「啊啊，對耶。動能一定會大於 0。不過，位能小於 0，是東西掉到地下坑洞內的意思嗎？」

我：「這是一個例子。或者說，如果定義懸崖頂部的高度為 0，那麼當質點位於懸崖底下，位能就會小於 0。」

蒂蒂：「咦！可以定義懸崖頂部的高度為 0 嗎？」

我：「可以喔。原點定義在哪裡都行。」

蒂蒂：「是這樣啊。」

我：「重點在於，位能僅由位置決定。」

蒂蒂：「是的。解讀 mgh 這個式子後就可以知道，位能與速度 v 無關。」

我：「所謂『僅由位置決定』，不只代表位能與速度無關喔。不管該物體是從低處被丟到這個高度、從高處掉落至這個高度，還是一直待在這個高度，位能都一樣。質點的位能與該質點過去的運動狀況無關，僅由當下的位置決定。」

蒂蒂：「原來如此。」

我：「質量 m 固定時，動能 $\frac{1}{2}mv^2$ 僅由速度 v 決定，位能 mgh 僅由高度，也就是 h 決定。」

蒂蒂：「好的，沒問題。」

4.4　力學能

我：「接下來，就要說明什麼是力學能守恆定律了。」

力學能守恆定律（僅受重力作用時）

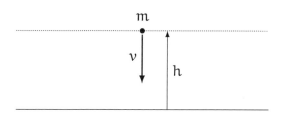

動能與位能的和，叫做**力學能**。假設質點的質量為 m、速度為 v、高度為 h，作用在質點上的力只有重力，那麼力學能為固定值，如下所示：

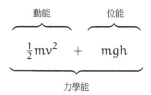

這叫做**力學能守恆定律**。其中 g 為重力加速度。

蒂蒂：「力學能的定義為動能與位能的總和。

$$力學能＝位能＋動能$$

而且，力學能為固定值⋯⋯是這樣嗎？」

我：「是的。運動中質點的速度 v 與高度 h 都會一直改變。不
　　過，動能與位能的和

$$\tfrac{1}{2}mv^2 + mgh$$

　　不會改變。也就是說，力學能為固定值──這就是力學能
　　守恆。有空氣阻力時，力學能守恆定律不會成立；不過當
　　作用在質點上的力只有重力，力學能守恆定律就會成立。
　　舉例來說，如果像這樣丟出一顆球，那麼球在飛行的過程
　　中，$\dfrac{1}{2}mv^2 + mgh$ 的數值恆為定值。」

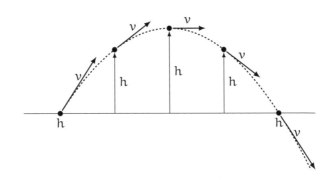

僅重力作用時，力學能 $\dfrac{1}{2}mv^2 + mgh$ 為定值。

蒂蒂：「這裡的『守恆』和『定值』意思一樣嗎？」

我：「沒錯。即使時間改變，數值仍保持恆定，所以說它『守
　　恆』。力學能守恆定律，就是力學能這個物理量永遠保持
　　恆定的意思。」

蒂蒂：「力學能永遠保持恆定⋯⋯」

我：「嗯。力學能守恆定律決定了速度 v 與高度 h 的關係。因為有這個定律，所以 v 與 h 不能隨意指定大小。若指定其中一個數值，另一個數值也會跟著確定下來。」

蒂蒂：「這樣啊⋯⋯」

我：「我們前面曾由牛頓運動方程式的積分，計算出『質點於何時的速度會等於某特定值』，以及『質點於何時的位置會等於某特定值』對吧？」

蒂蒂：「是啊，求出時間點是件很重要的事。」

我：「不過，如果使用力學能守恆定律，那麼就算不知道時間、不知道『何時』，也能直接由位置求出速度，或者由速度求出位置。馬上就來試試看吧！」

4.5　求出速度

> 問題 4-1（垂直上拋）
>
> 從地面將球以 v_0 的速度垂直上拋。假設球回到地面時的速度為 v_1。試證明
>
> $$v_1 = -v_0$$
>
>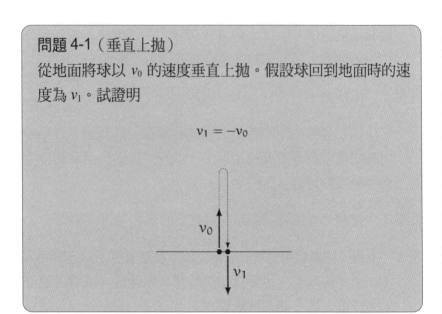

蒂蒂：「這就是求出回到地面的時間 t_{return} 的問題對吧（p. 138）？不計算時間的話可以證明這題嗎？」

我：「是啊。啊，這裡我們先設『上拋的時間』為 t_0，『回到地面的時間』為 t_1 吧。雖然我們不會求出 t_0 或 t_1 的數值，思考時卻可以拿這兩個時間點來對比。」

蒂蒂：「假設時間 t_0 時上拋，時間 t_1 時回到地面嗎？」

我：「是的。而在時間 t_0 與 t_1 時，力學能相等。我想將結果整理成這張表。」

	動能 $\frac{1}{2}mv^2$	位能 mgh	力學能 $\frac{1}{2}mv^2 + mgh$
時間 t_0			
時間 t_1			

蒂蒂：「好的，我來填填看這張表。時間 t_0 時，球被上拋，此時速度 $v = v_0$，高度 $h = 0$。時間 t_1 時，球回到地面，此時速度 $v = v_1$，高度 $h = 0$。接著只要依照定義填完空格就行了。」

	動能 $\frac{1}{2}mv^2$	位能 mgh	力學能 $\frac{1}{2}mv^2 + mgh$
時間 t_0	$\frac{1}{2}mv_0^2$	0	$\frac{1}{2}mv_0^2 + 0$
時間 t_1	$\frac{1}{2}mv_1^2$	0	$\frac{1}{2}mv_1^2 + 0$

我：「這樣馬上就能推導出我們想證明的 $v_1 = -v_0$ 了。」

蒂蒂：「啊啊，我知道怎麼推導！因為力學能守恆定律，可以知道

$$\frac{1}{2}mv_0^2 + 0 = \frac{1}{2}mv_1^2 + 0$$

即

$$\tfrac{1}{2}mv_0^2 = \tfrac{1}{2}mv_1^2$$

兩邊同除以 $\dfrac{1}{2}m$，可以得到

$$v_0^2 = v_1^2$$

接著可以算出

$$v_1 = v_0 \quad\quad 或 \quad\quad v_1 = -v_0$$

……對，因為 v_0 和 v_1 方向相反，正負號不同，所以可以確定

$$v_1 = -v_0$$

這個等式成立！」

我：「嗯，證出來了呢。妳看，雖然我們沒有求出 t_0 和 t_1 是多少，卻可以證明出 $v_1 = - v_0$。」

蒂蒂：「不知不覺中就證明出來了……」

解答 4-1（垂直上拋）

由力學能守恆定律可以知道，球被拋起時，以及回到地面時，力學能相等，故以下等式成立。

$$\frac{1}{2}mv_0^2 = \frac{1}{2}mv_1^2$$

將等號兩邊同除以 $\frac{1}{2}m \neq 0$，可得到

$$v_0^2 = v_1^2$$

被拋起時，以及回到地面時，速度的方向相反，故 v_0 與 v_1 的正負號相反，所以

$$v_1 = -v_0$$

（得證）

我：「力學能守恆定律的威力很強喔。剛才我們考慮的是高度為 0 的情況，我們也可以將其一般化，考慮高度為 H 的情況。假設物體在兩個時間點 t_a、t_b 時，高度皆為 H，而速度分別為 v_a、v_b，可以得到下表」

	速度 v	速度 h
時間 t_a	v_a	H
時間 t_b	v_b	H

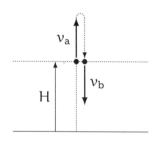

蒂蒂：「啊，原來如此。v_a 和 v_b 分別是指球往上移動及往下移動到同一高度 H 時的速度對吧。這可以寫成

$$v_b = -v_a$$

因為高度相同時，位能也相等！」

	動能 $\frac{1}{2}mv^2$	位能 mgh	力學能 $\frac{1}{2}mv^2 + mgh$
時間 t_a	$\frac{1}{2}mv_a^2$	mgH	$\frac{1}{2}mv_a^2 + mgH$
時間 t_b	$\frac{1}{2}mv_b^2$	mgH	$\frac{1}{2}mv_b^2 + mgH$

我：「是啊，由力學能守恆定律可以知道——」

蒂蒂：「學長！讓蒂蒂來回答！由力學能守恆定律可以知道，以下等式成立。

$$\underbrace{\frac{1}{2}mv_a^2 + mgH}_{\text{時間為 } t_a \text{ 時的力學能}} = \underbrace{\frac{1}{2}mv_b^2 + mgH}_{\text{時間為 } t_b \text{ 時的力學能}}$$

等號兩邊同減去 mgH，再除以 $\frac{1}{2}m$，可以得到

$$v_a^2 = v_b^2$$

接著就像解答 4-1 一樣，可以得到

$$v_b = -v_a$$

得證！」

我：「沒錯！」

蒂蒂：「就算沒有算出時間，也可以算出速度呢……」

4.6　求出位置

我：「問題 4-1 中，我們透過力學能守恆定律，由位置算出速度。相對的，也可以由速度算出位置喔。譬如這個問題。」

問題 4-2（可以飛到多高）

從地面將球垂直往上拋，試計算球可以抵達的最高位置 h_{max}。設初速為 v_0、重力加速度為 g。

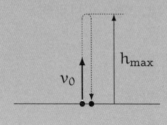

蒂蒂：「位置是時間的二次函數，所以二次函數的最大值就是答案了。剛才算出來的結果是 $\frac{v_0^2}{2g}$ 吧（p.143）。」

我：「是這樣沒錯。現在我們要改用力學能的式子來算。

$$\tfrac{1}{2}mv^2 + mgh$$

由力學能守恆定律可以知道，這個式子的數值固定。如果希望高度 h 越大越好，那麼速度應該要如何調整呢？」

蒂蒂：「希望高度 h 越大越好……原來如此！h 變大時，mgh 也會跟著變大，因為總和必須保持定值，所以動能 $\frac{1}{2}mv^2$ 就必須變小。」

我：「嗯嗯。」

蒂蒂：「動能為 $\frac{1}{2}mv^2$，有一個 v^2，所以不能無限變小，只能變成 0！」

我：「也就是讓它停下來囉。」

蒂蒂：「所以當 $v = 0$，$h = h_{max}$！」

我：「事實上，往上拋的球在抵達最高點的瞬間會停下來——然後開始落下。」

蒂蒂：「啊啊，我知道了！我知道了！這裡要用到往上丟時的力學能對吧？」

$$\underbrace{\frac{1}{2}mv_0^2 + mg \cdot 0}_{\text{往上丟時的力學能}} = \underbrace{\frac{1}{2}m \cdot 0^2 + mgh_{max}}_{\text{最高點時的力學能}}$$

我：「沒錯。這個式子可以說明，往上丟的瞬間高度為 0，抵達最高點時速度為 0。」

蒂蒂：「再來就是計算！

$$\frac{1}{2}mv_0^2 + mg \cdot 0 = \frac{1}{2}m \cdot 0^2 + mgh_{max}$$
$$\frac{1}{2}mv_0^2 = mgh_{max}$$
$$\frac{1}{2}v_0^2 = gh_{max}$$
$$\frac{v_0^2}{2g} = h_{max}$$
$$h_{max} = \frac{v_0^2}{2g}$$

……確實是 $\frac{v_0^2}{2g}$！」

解答 4-2（可以飛到多高）

$$h_{max} = \frac{v_0^2}{2g}$$

我：「善用力學能守恆定律，也就是『動能與位能總和固定』的定律，就能知道很多事，也多了一種解題方法，這樣很有趣吧。」

蒂蒂：「是的……不過，可以解題是很棒啦──」

我：「嗯？」

蒂蒂：「我對力學能守恆定律還是有些疑問，又回到『物理學與數學的界線』的問題。」

我：「咦……」

4.7 這是新的物理定律嗎

蒂蒂：「聽學長說明質點運動後，讓我覺得『物理學的世界』與『數學的世界』確實緊密地連結在一起。」

我：「是啊。」

蒂蒂：「以『牛頓運動方程式』與『萬有引力定律』為前提，我們可以用向量、積分、微分等工具，研究質點的運動……是這樣吧？」

我：「嗯，是這樣沒錯。然後呢？」

蒂蒂：「是的。然後我們還用力學能守恆定律，求出質點的速度或位置。這個『力學能守恆定律』究竟是物理學呢？還是數學？」

我：「呃……」

蒂蒂：「還有啊……力學能守恆定律是新的物理定律嗎？或者說，以此為前提的想法——該怎麼說才好呢？很難用言語表達……」

米爾迦：「力學能守恆定律是定律嗎？」

我：「嗚哇！」

蒂蒂：「米爾迦學姊！」

4.8 米爾迦

米爾迦是我的同班同學，相當擅長數學。我和米爾迦、蒂蒂三人常在放學後到圖書室愉快地聊數學話題。

我：「能不能不要突然從後面出現啊……」

米爾迦：「蒂蒂的疑問是這樣吧：『我們可以從牛頓運動方程式與萬有引力定律，以數學方式推導出力學能守恆定律嗎？』。」

　　米爾迦來回看著我和蒂蒂，像是在講課般，用緩慢地語調說著。她的黑色長髮隨著她的舉手投足緩緩擺動。

蒂蒂：「可以用數學方式推導出來嗎？」

米爾迦：「如果推導得出來，力學能守恆定律就是定律。在認同了牛頓運動方程式與萬有引力的瞬間，就會自動認同力學能守恆定律。如果推導不出來，力學能守恆定律就和牛頓運動方程式或萬有引力定律一樣，必須先認同它，才能繼續討論下去。」

蒂蒂：「是的……我想問的確實是這個。力學能守恆定律可以用數學方式推導出來嗎？或者應該要把它當成新的物理定律呢？」

我：「原來如此……我好像沒有認真想過這個問題耶。」

米爾迦：「先來證明一維的情況吧。譬如這個問題。」

問題 4-3（力學能守恆定律）
請使用牛頓運動方程式 $F = ma$，與推導自萬有引力定律的式子 $F = -mg$，證明將質點往上拋時，力學能守恆定律成立。

蒂蒂：「我來想想看！——雖然想這麼說，但完全不曉得該從哪裡著手……」

米爾迦：「想求得什麼？」

蒂蒂：「想求得的是——證明這個代表力學能的式子會保持固定。

$$\tfrac{1}{2}mv^2 + mgh \quad 」$$

我：「原來如此……我知道囉。」

蒂蒂：「不過，想證明式子的數值固定——該怎麼做才好呢？完全沒有頭緒。」

米爾迦：「是嗎？」

米爾迦透過她的金屬框眼鏡看向我。

我：「就是要設法說明這個式子的值固定，不會隨著時間改變對吧？將力學能 $\frac{1}{2}mv^2 + mgh$ 以時間 t 的函數表示，再說明這是一個不會受到時間 t 影響的常數……」

蒂蒂：「常數——你指的該不會是，對時間微分後會等於零嗎？」

我：「沒錯！對時間微分後等於 0，就表示不會隨著時間改變！」

蒂蒂：「原來如此……」

4.9 想要證明

我：「力學能可寫成 $\frac{1}{2}mv^2 + mgh$，如果可以說明這個式子對

時間 t 的微分為 0，就得證了。也就是說，想證明的是這個。

$$\underbrace{\frac{\mathrm{d}}{\mathrm{d}t}\left(\overbrace{\tfrac{1}{2}mv^2 + mgh}^{\text{力學能}}\right) = 0}_{\substack{\text{對時間 } t \text{ 微分}\\ \text{等於 } 0}}$$

蒂蒂：「那、那個⋯⋯這樣也可以嗎？」

$$\left(\tfrac{1}{2}mv^2 + mgh\right)' = 0$$

我：「嗯，可以喔。對時間 t 的微分可以用 ′ 來表示。只要知道自己要做什麼就好——也就是說，只要別忘了自己要做微分就可以了。接著就來試試看吧。」

$$
\begin{aligned}
\left(\tfrac{1}{2}mv^2 + mgh\right)' &= \left(\tfrac{1}{2}mv^2\right)' + (mgh)' \quad \text{和的微分，等於微分的和}\\
&= \tfrac{1}{2}m(v^2)' + mgh' \quad \text{常數倍的微分，等於微分的常數倍}\\
&= \tfrac{1}{2}m(2vv') + mgh' \quad \text{合成函數的微分}
\end{aligned}
$$

蒂蒂：「等、等一下。$(v^2)' = 2vv'$ 是對的嗎？不是 $(v^2)' = 2v$ 才對嗎？」

我：「如果 v^2 對 v <u>微分</u>，確實是 $2v$。不過這裡是 v^2 對 t <u>微分</u>，所以會得到 $2vv'$ 喔。」[*]

米爾迦：「因為是合成函數的微分。」

蒂蒂：「v^2 是⋯⋯合成函數？」

---

[*]註：微分部分可參考《數學女孩秘密筆記：微分篇》。

我：「像這樣一步步依序思考應該就懂囉。

- 決定 t 的值後，v 的值可唯一確定，
  所以 v 是 t 的函數。
- 決定 v 的值後，v^2 的值可唯一確定，
  所以 v^2 是 v 的函數。

將這兩個函數合成起來，

- 決定 t 的值後，v^2 的值可唯一確定，
  所以 v^2 是 t 的函數。」

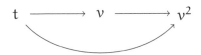

蒂蒂：「啊……原來是這個意思！」

我：「嗯，『v^2 是合成函數』就是這個意思。所以 v^2 對 t 微分的時候，要視為合成函數的微分。」

蒂蒂：「我剛才沒注意到 v^2 是對 t 微分，而不是對 v 微分……」

我：「計算 $y = v^2$ 的微分時，如果希望式子看起來有條理一些，可以把合成函數的微分寫成這樣

$$\frac{dy}{dt} = \frac{dy}{dv} \cdot \frac{dv}{dt}$$

這個式子的成立需要數學上的證明，不過式子本身與分數的計算十分類似，很好記。這個式子可解讀如下。

$$\underbrace{\frac{dy}{dt}}_{y\,\text{對}\,t\,\text{微分}} = \underbrace{\frac{dy}{dv}}_{y\,\text{對}\,v\,\text{微分}} \cdot \underbrace{\frac{dv}{dt}}_{v\,\text{對}\,t\,\text{微分}}$$

乘積

將前面提到的合成函數代入這個微分公式，計算 v^2 對 t 的微分，可以得到以下式子。

$$\underbrace{(v^2)'}_{v^2\,\text{對}\,t\,\text{微分}} = \underbrace{2v}_{v^2\,\text{對}\,v\,\text{微分}} \cdot \underbrace{v'}_{v\,\text{對}\,t\,\text{微分}}$$

乘積

所以可以得到這個等式。

$$(v^2)' = 2vv' \ \rfloor$$

蒂蒂：「是、是的……我以前似乎也弄錯過合成函數的微分。」

我：「那就接著算下去吧。

$$
\begin{aligned}
\left(\tfrac{1}{2}mv^2 + mgh\right)' &= \tfrac{1}{2}m(2vv') + mgh' \quad \text{由 p.174 的式子}\\
&= mvv' + mgh' \qquad \tfrac{1}{\not{2}}m(\not{2}vv') = mvv' \ \text{約分}
\end{aligned}
$$

蒂蒂：「變成了 $mvv' + mgh'$……」

米爾迦：「運用 $v' = a$ 和 $h' = v$。」

蒂蒂：「請等一下。為什麼 $v' = a$ 和 $h' = v$ 呢？」

我：「h 是高度，也就是位置，所以 h 對時間微分後會得到速度 v。而 v 是速度，所以 v 對時間微分後會得到加速度 a 喔。」

蒂蒂：「對耶！就是在對時間微分……這樣我就知道怎麼算下去了。」

$$
\begin{aligned}
(\tfrac{1}{2}mv^2 + mgh)' &= mvv' + mgh' &\quad \text{由以上式子} \\
&= mva + mgv &\quad \text{因為 } v' = a \text{ 和 } h' = v \\
&= (ma + mg)v &\quad \text{提出 } v
\end{aligned}
$$

我：「到這裡，我們算出來的

$$
(\tfrac{1}{2}mv^2 + mgh)' = (ma + mg)v
$$

這個值恆等於 0 喔。無論時間為何，以下這條式子都會成立。

$$
ma + mg = 0 \quad \text{」}
$$

蒂蒂：「為什麼馬上就能看出來呢？」

米爾迦：「『給定了什麼條件』？」

蒂蒂：「給定了什麼條件？啊，是牛頓的運動方程式和萬有引力定律！這兩個是給定的條件。質點乘上力 F 之後會得到
……

$$
\begin{cases}
F = ma & \text{由牛頓運動方程式} \\
F = -mg & \text{由萬有引力定律}
\end{cases}
$$

……也就是說，$ma = F$，$mg = -F$，兩者相加的和為 0！」

$$ma + mg = F + (-F) = 0$$

解答 4-3（力學能守恆定律）

這個質點的力學能為

$$\frac{1}{2}mv^2 + mgh$$

將其對時間微分後，可得到以下等式。

$$(\frac{1}{2}mv^2 + mgh)' = (ma + mg)v$$

由牛頓運動方程式與萬有引力定律可以知道 $ma + mg = 0$，所以以下等式成立。

$$(\frac{1}{2}mv^2 + mgh)' = 0$$

力學能對時間微分後得到 0，故力學能守恆成立。

（證明結束）

蒂蒂：「原來微分後就能證明出來了啊……」

我：「是啊。因為已經知道 $\frac{1}{2}mv^2 + mgh$ 這個形式了，所以比想像中還要簡單喔。」

蒂蒂：「式子的形式……」

我：「就是力學能式子的形式喔。」

米爾迦：「我們剛才證明了一維的情況，二維的情況也證得出來*2。」

蒂蒂：「式子的……形式。」

蒂蒂一邊咬著指甲一邊思考著。

我：「有什麼奇怪的地方嗎？計算哪裡有問題嗎？」

蒂蒂：「不不，剛才計算合成函數的微分時，確實有點誤解，但現在已經沒問題了。只是——雖然我們證明了力學能守恆，但這不是發現對吧？」

我：「發現？」

米爾迦：「發現是指？」

4.10 想要發現

蒂蒂：「我們證明了力學能守恆定律——也就是力學能必定保持固定的數值。我們證明了，即使時間 t 改變

$$\tfrac{1}{2}mv^2 + mgh$$

這個數值仍不會改變。」

米爾迦：「嗯。」

我：「確實如此」

＊2 請參考第 4 章末的問題 4-2（p.191）。

蒂蒂：「可是、可是，就是啊，我們並不是推導出了這個式子本身

$$\frac{1}{2}mv^2 + mgh$$

——對吧？」

米爾迦：「……」

我：「……」

蒂蒂到底想講什麼呢？我完全沒有頭緒。

蒂蒂：「那個、就是，剛才的證明中，我們從學長教我的這個式子出發。

$$\frac{1}{2}mv^2 + mgh$$

將這個給定的式子對時間微分，並證明微分結果為 0。」

我：「邏輯上沒什麼問題啊。這條式子是力學能的定義，而我們運用牛頓運動方程式，以及萬有引力定律，說明了這條式子在微分後會變成 0。」

米爾迦：「嗯。這並沒有丐題。蒂蒂覺得哪裡有問題呢？」

蒂蒂：「呃、呃，人家只是想知道

$$\frac{1}{2}mv^2 + mgh$$

這個式子到底從何而來。這麼複雜的式子，應該不會是毫無來由地突然想出來的吧。剛才的證明在邏輯上正確，但讓我有種『想湊出 $\frac{1}{2}mv^2 + mgh$ 這個式子』的感覺。」

我：「原來是這樣啊。」

米爾迦：「該從哪裡開始，才能讓蒂蒂明白呢？」

蒂蒂：「該從哪裡開始，才能明白呢⋯⋯」

　　蒂蒂陷入沉默，翻開筆記開始寫了些東西。

　　不過她真的很厲害。計算出答案後仍不滿足，證明結束後仍不滿足。她一直記得自己哪裡還有問題，然後試著用言語表現出這些問題。

我：「⋯⋯」

米爾迦：「怎麼了？」

蒂蒂：「是的。譬如說，這是質點受重力作用時的『位置、速度、加速度』＊³。如果把這當成起點，能不能發現到力學能守恆定律呢？」

＊3 請參考 p.141 的♣。

♣**僅受重力作用之質點在垂直方向的運動**

設垂直方向，往上為正向，重力加速度為 g。那麼僅受重力作用之質點，於時間 t 的加速度、速度、位置在垂直方向的分量如下所示。

$$\begin{cases} 位置 h = -\frac{1}{2}gt^2 + v_0 t + h_0 \\ 速度 v = \quad -gt \quad + v_0 \\ 加速度 a = \quad -g \end{cases}$$

這裡設 h_0 與 v_0 分別是時間 0 時的位置與速度。

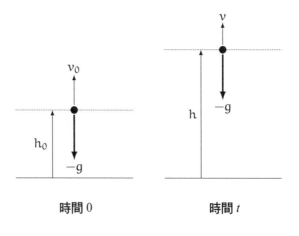

我：「嗯……不過這裡的『位置、速度、加速度』還是得用牛頓運動方程式與萬有引力定律進行積分計算，證明的邏輯應該還是一樣的吧？」

米爾迦：「蒂蒂想問的應該不是如何證明，而是如何自然地發現力學能這個概念吧？」

蒂蒂：「對、對不起，這樣是不是有些任性呢？」

我：「不須要道歉喔，蒂蒂。」

米爾迦：「這樣一點都不任性。確認某個物理量是否為守恆量，是一件很重要的事。」

我：「不變的事物有賦予名字的價值。」

米爾迦：「正是如此。物理學常用守恆量來表示這個概念，數學則常用不變性來表示這個概念。無論如何，『發現某個在狀況改變前後都不會改變的量』這件事，有著很高的價值。」

米爾迦這麼說。不過，蒂蒂的願望——

想要自然地發現力學能

——究竟該如何實現呢？

4.11 想要自然地發現

米爾迦：「假設我們不知道『力學能』是什麼，且我們想要發現不隨時間改變的『守恆量』。這可以算是蒂蒂喜歡的『假裝不知道的遊戲』吧*4？」

蒂蒂：「是的是的，就是這樣！」

我：「我們已經知道力學能的式子長什麼樣子了，卻不能直接引入這個式子，而是要自然而然地推導出來是嗎？嗯……」

---

*4 請參考《數學女孩：哥德爾不完備定理》。

米爾迦：「或許可以這麼想……只要找到看起來很像守恆量的候選物理量，將其表示成 t 的函數，再證明它的導函數為 0 就可以了。但我們目前手上沒有這樣的候選物理量。」

蒂蒂：「必須去發現它！」

我：「明明連式子都沒有，卻要發現一個導函數為 0 的式子……這做得到嗎？」

米爾迦：「先忘了導函數吧。」

我：「？」

米爾迦：「假設這個守恆量可以表示成『v 與 h 的式子』。如果這個物理量不會隨時間改變，就表示任意時間 t 時的該物理量，都會等於時間為 0 的該物理量。讓我們試著由表示質點運動的式子，推導出沒有時間 t 的式子吧。」

蒂蒂：「？」

米爾迦：「這種事我們常做。將 v 與 h 聯立之後消去 t。首先解 $v = -gt + v_0$ 中的 t。」

$v = -gt + v_0$	由速度的式子（參考 p.182 的 ♣）
$v + gt = v_0$	等號右邊的 $-gt$ 移項至等號左邊
$gt = v_0 - v$	等號左邊的 v 移項至等號右邊
$t = \dfrac{v_0 - v}{g}$	兩邊同除以 g

我：「這個式子就是在計算速度為 v 時的時間 t 吧？」

米爾迦：「沒錯。然後以此求出該時間的高度 h。」

蒂蒂：「那就是把剛才算出來的 t 代入 $h = -\dfrac{1}{2}gt^2 + v_0t + h_0$ 這個式子嗎？」

$$h = -\tfrac{1}{2}gt^2 + v_0t + h_0 \qquad \text{由位置的式子}$$

$$= -\frac{g}{2}\left(\underbrace{\frac{v_0 - v}{g}}_{=t}\right)^2 + v_0\left(\underbrace{\frac{v_0 - v}{g}}_{=t}\right) + h_0 \qquad \text{代入至 } t$$

$$= -\frac{g(v_0 - v)^2}{2g^2} + \frac{v_0(v_0 - v)}{g} + h_0 \qquad \text{稍加計算}$$

$$= -\frac{(v_0 - v)^2}{2g} + \frac{v_0(v_0 - v)}{g} + h_0 \qquad \text{以 } g \text{ 約分}$$

我：「原來如此，然後會得到這樣的式子吧

$$h = -\frac{(v_0 - v)^2}{2g} + \frac{v_0(v_0 - v)}{g} + h_0$$

我看到結果囉。」

蒂蒂：「人、人家還沒看到……」

米爾迦：「想求得什麼？」

蒂蒂：「我想求得的是，力學能守恆定律。不過，我不想突然拿出動能與位能的式子，而是想自然地得到這個定律。這條式子可以推導出力學能守恆定律嗎？」

$$h = -\frac{(v_0 - v)^2}{2g} + \frac{v_0(v_0 - v)}{g} + h_0$$

米爾迦：「自然地得到這個定律——就像熟透的蘋果會自然地落下一樣嗎？」

蒂蒂：「或許也可以這麼說。」

我不等米爾迦，自己回應了蒂蒂。

我：「那就繼續計算吧！為了消去分母，將等號兩邊同乘以 $2g$，可以得到

$$2gh = -(v_0 - v)^2 + 2v_0(v_0 - v) + 2gh_0$$

然後展開式子。」

$$
\begin{aligned}
2gh &= -(v_0 - v)^2 + 2v_0(v_0 - v) + 2gh_0 &&\text{將兩邊同乘以 } 2g \\
&= -(v_0^2 - 2v_0 v + v^2) + (2v_0^2 - 2v_0 v) + 2gh_0 &&\text{展開} \\
&= -v_0^2 + 2v_0 v - v^2 + 2v_0^2 - 2v_0 v + 2gh_0 &&\text{再展開} \\
&= (2v_0^2 - v_0^2) + (2v_0 v - 2v_0 v) - v^2 + 2gh_0 &&\text{將同類項整理在一起} \\
&= v_0^2 - v^2 + 2gh_0 &&\text{稍加計算}
\end{aligned}
$$

$$v^2 + 2gh = v_0^2 + 2gh_0 \qquad \text{將等號右邊的} -v^2 \text{移項到左邊}$$

米爾迦：「完成了吧。」

我：「完成了！」

$$v^2 + 2gh = v_0^2 + 2gh_0$$

蒂蒂：「這個式子就是答案……？」

我：「嗯。接著只要在兩邊同乘 $\frac{1}{2}m$ 就可以囉。

$$\tfrac{1}{2}mv^2 + mgh = \tfrac{1}{2}mv_0^2 + mgh_0$$

等號左邊為任意時間 t 的力學能，等號右邊為時間為 0 時的力學能！」

$$\underbrace{\frac{1}{2}mv^2 + mgh}_{\text{時間為 } t \text{ 時的力學能}} = \underbrace{\frac{1}{2}mv_0^2 + mgh_0}_{\text{時間為 0 時的力學能}}$$

米爾迦：「這就是力學能守恆定律。」

4.12　想要更自然地發現

蒂蒂：「……那個，蒂蒂我還是有個地方不大懂。」

我：「唉呀？」

米爾迦：「我們應該是從蒂蒂設定的起點開始的不是嗎？」

蒂蒂：「最後確實導出了力學能的式子，而這也是守恆量……
這我可以接受。」

我：「嗯，但是？」

蒂蒂：「就是，在數學式變形的過程中，出現了

$$v^2 + 2gh = v_0^2 + 2gh_0$$

這個式子。而我覺得，這個式子看起來就已經是守恆量
了。因為

$$v^2 + 2gh$$

這個式子不會隨著時間改變嘛！就算沒有乘上 $\frac{1}{2}m$ 倍，這
應該也是守恆量才對！」

我：「是這樣沒錯。但即使再乘上 $\frac{1}{2}m$ 倍，它是守恆量這點也

不會變啊。」

蒂蒂：「這個我知道。但是，乘上 $\frac{1}{2}m$ 倍這點讓我不太能接受。為什麼要特地增加字母量呢？明明 $v^2 + 2gh$ 就已經是守恆量了，為什麼還非要再乘上 $\frac{1}{2}m$ 不可呢？我想知道的是這個。我知道 $\frac{1}{2}$ 是來自微分或積分，問題在於 m 倍！」

蒂蒂一邊說著她的主張，雙手一邊上下揮動。

我：「嗯——如果是 $v^2 + 2gh$，就沒有考慮到質量 m 了吧。畢竟這條式子內沒有 m。」

蒂蒂：「既然如此，那為什麼不能乘上 m^2 或 $\sqrt{m}$ 呢？如果可以自然而然地導出這樣的式子，那也就算了。既然最後還要再乘上 $\frac{1}{2}m$，不就表示我們『想湊出 $\frac{1}{2}mv^2 + mgh$ 這個式子』嗎？」

米爾迦：「嗯——」

米爾迦靜靜地閉上了眼睛。
氣氛突然變得不同。
原本激動主張自己想法的蒂蒂停止說話，靜寂包圍了我們。

蒂蒂：「……」

我：「……」

米爾迦：「雖然我不曉得這符不符合蒂蒂說的自然，不過先讓我提出一個基本的問題做為提示吧。問題是這樣：
　　　要把重物拿到高處時，該怎麼做呢？」

蒂蒂：「……嘿咻一聲拿上去？」

米爾迦：「這裡就輪到力登場了。」

　　米爾迦微笑地說著。

第 4 章的問題

關於質點動能的補充

問題 4-1 與問題 4-2 會考慮到質點的二維運動。設速度大小為 v，速度的分量為 (v_x, v_y)，則質點的動能可表示如下[*6]。

$$\frac{1}{2}mv^2 = \frac{1}{2}m\left(\sqrt{v_x^2 + v_y^2}\right)^2 = \frac{1}{2}m(v_x^2 + v_y^2)$$

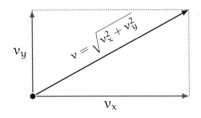

[*6] 其中，如果將速度視為向量，那麼表示動能的 $\frac{1}{2}mv^2$ 中，v^2 需解釋成速度向量「自己與自己的內積」。如此一來，不管 v 代表的是速度還是速度大小（速率），$\frac{1}{2}mv^2$ 的數值都相同。

●問題 4-1（力學能守恆定律）

從高處將球丟出，球會往地面落下。不管朝哪個方向丟球，只要初速大小相同，落到地面時的球速大小也會一樣。請用力學能守恆定律證明這件事。假設球被丟出後僅受到重力作用。

（解答在 p.317）

●問題 4-2（力學能守恆定律的證明）

在時間 $t = 0$ 時，從高度為 h_0 的地方將球丟出。設初速大小為 v_0，初速與地面的的角度為 θ，球被丟出後僅受到重力作用。試計算時間 $t \geqq 0$ 時的力學能，並證明力學能守恆定律成立。

（解答在 p.319）

●問題 4-3（合成函數的微分）

假設某個物理量 y 是時間 t 的函數，可表示如下。

$$y = \sin \omega t$$

這裡的 ω 是不受時間影響的常數。試以 t 的函數表示 y 對 t 微分後得到的導函數

$$\frac{dy}{dt}$$

（解答在 p.323）

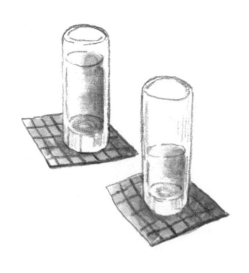

第 5 章

飛出宇宙

「因為存在所以能定義，還是因為有定義所以存在？」

5.1　乘上 m 的意思

這裡是高中的圖書室，現在是放學時間。

我們三人正在討論力學能。

蒂蒂想要自然地發現力學能守恆，於是米爾迦問她。

米爾迦：「要把重物拿到高處時，該怎麼做呢？」

蒂蒂：「……嘿咻一聲拿上去？」

米爾迦：「這裡就輪到力登場了。」

蒂蒂：「力？」

米爾迦：「蒂蒂想知道的應該是，為什麼不是 $\dfrac{1}{2}v^2 + gh$，而是 $\dfrac{1}{2}mv^2 + mgh$ 對吧？」

蒂蒂：「是的，沒錯，就是這樣。明明

$$\tfrac{1}{2}v^2 + gh$$

就已經是守恆量了，為什麼還要乘上 m，變成

$$\tfrac{1}{2}mv^2 + mgh$$

弄得那麼複雜呢？」

米爾迦：「首先把焦點放在位能上吧。為什麼重力造成的位能不是 gh，而是 mgh 呢——這是為了找出乘上 m 的優點。」

蒂蒂：「是的。」

我：「原來如此……」

5.2　把焦點放在位能

米爾迦：「以 h 表示物體距離地面的高度。考慮一個質量 m 的質點，靜止於地面高度 $h = 0$ 的位置。假設我們對這個質點持續施加垂直向上、大小為 F 的力，緩緩往上拉，直到質點的高度 $h = s$ 為止。」

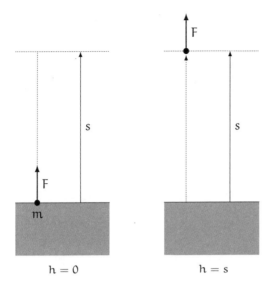

蒂蒂：「是的，就這樣嘿咻一聲拉上去。」

蒂蒂擺出了一個把重物往上舉的動作。

米爾迦：「妳能用式子表示把質量 m 的質點靜靜往上拉時，需要的力有多大嗎？」

蒂蒂：「力應該是 $F = mg$ 吧。重力加速度是 g，地球對質點施加的重力為垂直往下，大小為 mg。為了抵抗重力，把質點往上拉的力 F 必須是垂直往上，大小為 mg，所以 $F = mg$。」

我：「不對不對，如果要往上拉，應該要 $F > mg$ 才行吧。」

蒂蒂：「如果 $F > mg$，就會產生垂直往上的加速度，使物體擁有速度。因為現在的焦點是位能，所以希望在把質點往上拉時，盡可能不要有速度。也就是要靜靜地往上拉。」

我：「可是如果 $F = mg$，往上的拉力就會與重力抵銷，使質點無法被拉上去不是嗎？」

米爾迦：「沒錯。所以除了 mg 之外，還要再加一個微小的力ε（epsilon），變成這樣才行。

$$F = mg + \varepsilon \qquad (\varepsilon > 0)$$

其中，這裡的 ε 可以想成是一個要有多小就有多小的正數。」

我：「要有多小就有多小的正數……聽起來就像極限一樣耶。」

米爾迦：「這種移動方式也叫做準靜態（quasi-static）移動。ε > 0，而且ε越小，將質點從 $h = 0$ 拉到 $h = s$ 需要的時間就越長。不過，我們現在先不管會花多少時間。我們可以花很長很長的時間——讓質點以近乎靜止的速度移動——這是個讓質點從 $h = 0$ 移動到 $h = s$ 的思想實驗。」

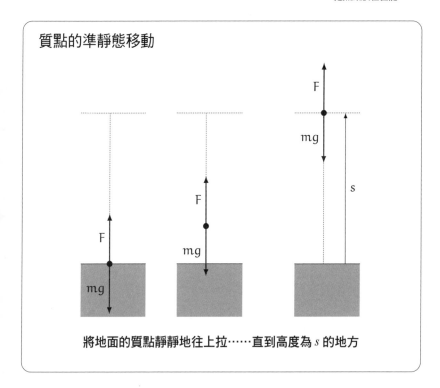

質點的準靜態移動

F

mg

s

F

mg

F

mg

將地面的質點靜靜地往上拉⋯⋯直到高度為 s 的地方

蒂蒂：「對質點施加力 $F = mg$，把它慢慢拉到高度為 s 的地方。雖然可以想像這是怎麼回事，但這樣可以知道什麼嗎？」

米爾迦：「可以知道以 mgh 表示位能的一個理由。對質量 m 的質點施加大小為 F 的力，使其從 0 上升到 s，此時質點的位能會增加 mgs。」

蒂蒂：「是的，這個我知道。」

米爾迦：「『手對質點施加的力』乘上『質點的位移』得到的積 Fs，會等於質點『由重力造成之位能』的變化 mgs。也就是說，以下等式成立。」

　　　　『力與位移的乘積 Fs』＝『位能變化 mgs』」

蒂蒂：「是、是的。是這樣沒錯……」

米爾迦：「如果能用 mgh 表示位能，就可以用『力與位移的乘積』表示『位能變化』。」

　　　於是蒂蒂陷入長考。
　　　她咬著指甲、認真思考著。

蒂蒂：「……是這個意思嗎？
　　• 定義重力造成的位能為 mgh。
　　　那麼……
　　• 高度 $h = 0$ 時的位能為 0。
　　• 高度 $h = s$ 時的位能為 mgs。
　　• 所以位能變化為 $mgs - 0 = mgs$。
　　• 將質量為 m 的質點靜靜往上拉的力為 $F = mg$。
　　• 質量位移為 $s - 0 = s$。
　　由以上推導過程可以得到這個式子。

$$Fs = mgs$$

　　所以我們可以說

　　　　『力與位移的乘積 Fs』＝『位能變化 mgs』

　　——是這樣嗎？」

米爾迦：「正是如此。」

蒂蒂：「原來⋯原來如此。將位能設為 mgh 而非 gh。這樣位能變化 mgs 就會等於 Fs。乘上 m 之後，看起來變複雜了，但因為這樣可以得到 F，所以反而簡單多了——雖然還沒完全理解，但比較可以接受了！」

我：「因為式子比較簡單，所以也讓人比較容易接受吧。」

蒂蒂：「是的。我覺得『能夠簡化』這件事很有意義。」

我：「原來是這樣⋯⋯不過米爾迦，既然提到力與位移的乘積 Fs，就表示再來會講到功吧？」

米爾迦：「沒錯。」

5.3 功

蒂蒂：「是說⋯⋯功嗎？」

我：「就是剛才提到的 Fs 喔。」

蒂蒂：「功——記得國中的時候有學過，但現在想不太起來了。雖然我們經常聽到『用功』這個字，不過『功』應該是個物理學用語吧？」

我：「是啊。」

蒂蒂：「那麼『功』的英語是什麼呢？」

米爾迦：「work。」

蒂蒂：「居然是『work』，那就是工作的意思嘛！」

米爾迦：「就是這樣。」

我：「剛才提到的功 Fs 可說明如下。」

功（力固定，且力與位移同方向時）
對質點施加一定的力 F，使質點從位置 x_0 移動到 x_1。此時的
位移 $s = x_1 - x_0$，那麼力與位移的乘積

$$Fs$$

就稱做力 F 對質點作的<u>功</u>。

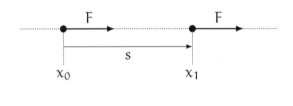

蒂蒂：「這是『功』這個用語的定義對吧？對質點施力 F，使
其移動 s 時，功就是 Fs……」

我：「是啊。這是力固定，且力與位移方向相同時的功。」

蒂蒂：「功，是力與位移的乘積……」

我：「所以說，就算施力很大，要是質點一動也不動，那麼功
就是 0 喔。」

蒂蒂：「咦？……啊啊，因為就是這樣定義的是嗎？如果完全不動，$s = 0$，所以功 $Fs = 0$。這麼說來，如果拿著重物，就表示一直對重物施力，但重物卻一動也不動。這時候的功也是 0 嗎？就算一直拿著很累，功也是 0 嗎？」

我：「沒錯。這也是很容易誤會的地方。因為這和我們平常用的『功』的意思有些出入，為了不要混淆，所以定義 Fs 是功。」

蒂蒂：「人家就很常混淆……」

我：「功也有可能是負的喔。如果質點的移動方向與力相反，那麼這個力就對質點作負功。」

蒂蒂：「負功！確實當 $F > 0$ 且 $s < 0$，$Fs < 0$。但是質點的運動方向有可能與力相反嗎？」

我：「這種事很常發生喔。譬如當我們提著重物從高處走下來，為了不讓重物掉下來，手會對重物施加往上的力，不過重物卻是往下移動。」

蒂蒂：「啊，確實如此……手對重物施加往上的力，重物卻是往下移動。這樣我就瞭解了。」

我：「所以，在一維運動的情況下──

• 力 F 與位移 s 同向時，功為正（$Fs > 0$）
• 力 F 與位移 s 反向時，功為負（$Fs < 0$）
• 力 F 與位移 s 至少有一方為 0 時，功為 0（$Fs = 0$）

──就是這樣。就和正負數的乘法一樣。」

蒂蒂：「我似乎比較瞭解功——在物理學上的定義了。」

米爾迦：「知道功——這個物理學用語之後，我們就可以用『功』來描述剛才提到的準靜態移動了。」

蒂蒂：「就是將質點靜靜地拉上去是嗎？」

米爾迦：「對質點施加 $F = mg$ 的力，使其位置由 0 上升到 s，故位移為 s。因此往上拉的力 F，對質點做的功為 Fs。由 $F = mg$ 可以得到 $Fs = mgs$，這個等式可描述如下。

　　『往上拉的力對質點作的功 Fs』與『質點的位能變化 mgs』相等」

我：「因為力對質點作的功，會等於質點位能的增加量。」

蒂蒂：「請、請等一下！抱歉我一直打斷。我想問的是，目前為止，我們都沒有引入新的物理定律吧？」

米爾迦：「沒有。」

我：「新的物理定律指的是什麼呢？」

蒂蒂：「我們沒有把『力對質點作的功，會等於質點位能的增加量』這個物理定律，帶到『物理學的世界』中吧？」

我：「啊，原來是這件事。嗯，就像蒂蒂說的一樣。『力對質點作的功，會等於質點位能的增加量』這是數學推導出來的結果。」

蒂蒂：「好的。這樣我就可以接受了。對質點施加的重力大小為 mg，這來自萬有引力定律。因為這是準靜態移動，所以對質點施加的力為 $F = mg$。位能變化為 mgs，這來自位能的定義與位移 s。功為 Fs，這是定義。由以上推論得到的數學結果為 $Fs = mgs$，物理上則可解釋成『往上拉的力對質點作的功，會等於質點位能的增加量』！」

我：「蒂蒂……蒂蒂的理解能力真的很強耶。」

蒂蒂：「沒、沒有啦。」

米爾迦：「都到這裡了，就繼續走下去吧。接著要把焦點放在動能上。」

米爾迦突然往前傾。

蒂蒂：「好、好的……」

5.4 把焦點放在動能

米爾迦：「剛才我們透過準靜態移動，抑制速度 v 的變化，使動能 $\frac{1}{2}mv^2$ 的變化為 0，力對質點作的功，全都轉變成了位能的變化。」

我：「是啊。」

米爾迦：「再來讓我們試著將高度 h 的變化壓在 0，使位能的變化為 0、力對質點作的功全部轉變成動能的變化。」

此時，蒂蒂慢慢舉起了手。這是要提問的意思。

蒂蒂：「力學能是動能與位能的和對吧？

$$力學能＝動能＋位能$$

對質點作的『功』可以轉變成位能，也可以轉變成動能。這是不是表示，『功』可以讓力學能產生變化呢？」

米爾迦：「正是如此。」

我：「就是這樣！」

米爾迦：「這個限制高度變化為 0 的問題，應該可以回答蒂蒂的問題。」

問題 5-1（功與動能）

光滑水平面上有一個質量為 m 的質點。設質點的初始位置為 x_0，以初速 v_0 往 x 軸正向移動。持續對這個質點施加大小與方向固定的 F，且方向為 x 軸正向。當質點移動到位置 x_1，速度為 v_1。設 $s = x_1 - x_0$，請用質量 m 與速度 v_0、v_1 表示力對質點作的功。

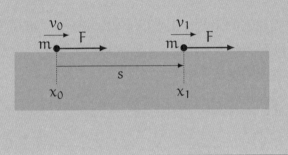

蒂蒂：「我應該會解這題⋯⋯讓我試試看！」

　　蒂蒂用力的點了一下頭，開始計算。

　　我原本想試著用心算算出答案，不過後來還是選擇在筆記本上手算。

　　就這樣，暫時沒有人講話。

蒂蒂：「我想我應該算出來了。可以聽聽看我的想法嗎？」

米爾迦：「當然。」

蒂蒂：「我的做法是『總之先求出時間』。因為只要求出每個事件的時間點，就可以知道運動的全貌。」

米爾迦：「嗯。」

蒂蒂：「假設開始運動的時間點是 0，然後求出質點移動到位置 x_1 的時間。質點從位置 x_0 移動到 x_1，這裡設 x_0 是原點。因為當 $x_0 = 0$，$x_1 = s$，這樣可以減少變數的個數……到這裡應該沒錯吧？」

我和米爾迦默默點了點頭。

蒂蒂：「『給定的東西』很多。不過，這些東西的意義我都明白。m 是質量、F 是力、s 是移動後的位置、v_0 是初速、v_1 是移動後的速度。」

我：「嗯。」

蒂蒂：「『求算的東西』是 Fs。然後呢，我的武器就是牛頓運動方程式 $F = ma$。這條方程式稍加變形後，可以將質點的加速度 a 表示成這樣。

$$a = \frac{F}{m}$$

力 F 固定，質量 m 也不會隨著時間改變，所以加速度 a 是常數，也就是等加速度運動！設質點初始位置 $x_0 = 0$，初速為 v_0，那麼對時間積分後可以得到——

$$\begin{cases} 加速度\, a = \frac{F}{m} \\ 速度\, v = at + v_0 = \frac{F}{m}t + v_0 \\ 位置\, x = \frac{1}{2}at^2 + v_0 t + x_0 = \frac{1}{2} \cdot \frac{F}{m}t^2 + v_0 t = \frac{F}{2m}t^2 + v_0 t \end{cases}$$

我們可以用時間 t 來表示位置 x，所以可以計算出質點抵達位置 s 的時間。只要解這個方程式就可以了。」

$$s = \frac{F}{2m}t^2 + v_0 t$$ 」

米爾迦：「……」

蒂蒂：「這、這樣沒錯吧？」

米爾迦：「不用急著一一確認也沒關係，先繼續算吧，蒂蒂。」

蒂蒂：「好、好的……接下來我想求出滿足這個方程式的 t。然後我注意到，與

用 s 表示 t

相比，

用 v 表示 t

會比較好。」

我：「嗯嗯！」

蒂蒂：「這和米爾迦學姊剛才的計算，將聯立方程式中的 t 消除的方法相同（p.184）。因為質點在時間 t 的速度為 $v = at + v_0$，所以──」

◎　◎　◎

時間 t 時，速度為 $v = at + v_0$。假設質點在時間 t_1 時來到位置 s、速度為 v_1，那麼以下式子成立。

$$v_1 = at_1 + v_0$$

用 v_1 表示式中的 t_1，可以得到

$$t_1 = \frac{v_1 - v_0}{a}$$

將這個式子代入下式

$$s = \tfrac{1}{2}at_1^2 + v_0 t_1$$

可以得到以下式子。

$$s = \frac{a}{2}\left(\frac{v_1 - v_0}{a}\right)^2 + v_0 \left(\frac{v_1 - v_0}{a}\right)$$

將等號兩邊分別乘上 a，稍加整理後可得到以下式子。

$$as = \tfrac{1}{2}(v_1 - v_0)^2 + v_0(v_1 - v_0)$$

將等號右邊展開計算，可以得到……

$$
\begin{aligned}
as &= \tfrac{1}{2}(v_1 - v_0)^2 + v_0(v_1 - v_0) \\
&= \tfrac{1}{2}(v_1^2 - 2v_1 v_0 + v_0^2) + (v_0 v_1 - v_0^2) \\
&= \tfrac{1}{2}v_1^2 - \tfrac{1}{2}v_0^2
\end{aligned}
$$

也就是

$$as = \tfrac{1}{2}v_1^2 - \tfrac{1}{2}v_0^2$$

接下來！在等號兩邊！同乘上 m！這樣等號左邊就會是 mas。
由牛頓運動方程式 $F = ma$，可以得到 $mas = Fs$。

$$
\begin{aligned}
mas &= \tfrac{1}{2}mv_1^2 - \tfrac{1}{2}mv_0^2 \\
Fs &= \tfrac{1}{2}mv_1^2 - \tfrac{1}{2}mv_0^2
\end{aligned}
$$

完成了！所以說——

◎　◎　◎

蒂蒂：「所以說，力 F 將質點移動到位置 s 時作的功，就會等
於動能的變化！」

$$Fs = \frac{1}{2}mv_1^2 - \frac{1}{2}mv_0^2$$

米爾迦：「沒錯。」

解答 5-1（功與動能）

$$Fs = \frac{1}{2}mv_1^2 - \frac{1}{2}mv_0^2$$

蒂蒂：「好有趣！」

我：「我整理一下前面談到的結果喔。我們定義了功是 Fs。於
是——
  • 移動中質點的動能固定時，
    對質點作的功會等於位能變化。
  • 移動中質點的位能固定時，
    對質點作的功會等於動能變化。
  所以，作功會造成力學能變化。」

蒂蒂：「真的耶……」

米爾迦：「雖然沒有列出能夠同時改變動能與重力位能的情況，
    這個之後再說吧[*1]。總之，如果力對質點作功，這個功有

---

*1 請參考第 5 章末的問題 5-4（p.255）。

多大，就會讓力學能產生多大的變化。至少在我們目前討論的範圍內，這點會成立。」

蒂蒂：「這讓人覺得功和力學能是同樣的東西耶。因為對質點作功時，力學能也會跟著增加。」

我：「就物理量而言，功與力學能的單位相同，不過意義不大一樣喔。力學能是某個質點擁有的物理量，功卻與質點無關。如果對質點作功，力學能會增加。就像是有收入時，存款就會增加一樣。收入與存款都是錢，但收入是賺進多少錢，存款則是擁有多少錢。」

蒂蒂：「啊，我知道了。作功就像收入，擁有的力學能就像存款。這樣我就完全懂了！」

我：「作負功就像從存款中支出。所以在考慮『功』的時候，必須明確說出『哪個力對什麼東西作功』才行。譬如將質點往上拉時『為了抵抗重力，用手拉起質點時作的功』和『重力對質點作的功』就會正負相反。」

蒂蒂：「雖說如此，力與位移的乘積——功 Fs——會轉變成力學能這點真的很有意思。乘上 m 之後的式子不只變得比較簡單，也可以引出功 Fs 這個有價值的概念耶。」

我：「有價值的概念——等等。『不變的事物有賦予名字的價值』也可以用在這裡嗎？該不會乘積 Fs 有某種不變性——」

米爾迦：「沒錯，就是功能原理。」

我：「啊啊！」

5.5 功能原理

蒂蒂：「功能原理……？」

米爾迦：「簡單的道具無法改變作功大小的原理。譬如**槓桿**。用槓桿可以改變力的大小。所以我們在舉起重物時可使用槓桿。」

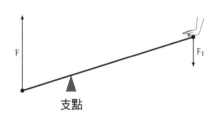

槓桿

蒂蒂：「但是改變力 F 之後，功 Fs 也會跟著改變吧？」

米爾迦：「當力變成 r 倍，位移會變成 $\frac{1}{r}$，所以功不會變。」

蒂蒂：「和距離支點的比例有關嗎……嗯……」

我：「舉例來說，假設我們在距離槓桿支點 L_1 的地方，用手施力 F_1，使槓桿另一端產生 F 的力。那麼距離支點 L 處產生的力 F 可計算如下。

$$F = \frac{L_1}{L} F_1 \quad 」$$

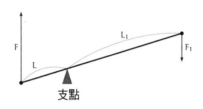

蒂蒂：「是，你說的沒錯。既然 L_1 是 L 的 3 倍長，那麼 F 就會是 F_1 的 3 倍大。」

我：「用手移動 s_1 的位移時，另一邊的位移 s 可計算如下。

$$s = \frac{L}{L_1} s_1 \quad 」$$

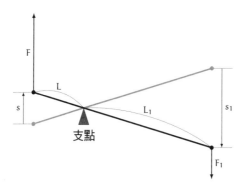

蒂蒂:「位移剛好相反對吧？如果 L_1 是 L 的 3 倍長，那麼移動距離 s 就會是 s_1 的 $\frac{1}{3}$ 倍。由以下計算可以得到

$$Fs = \underbrace{\left(\frac{L_1}{L}F_1\right)}_{=F} \underbrace{\left(\frac{L}{L_1}s_1\right)}_{=s} = F_1s_1$$

$Fs = F_1s_1$ 恆成立。所以在槓桿系統中，功不會改變，這就是槓桿原理對吧！」

米爾迦:「槓桿原理也是功能原理的一種。不過功能原理並不限於槓桿。在使用滑輪與輪軸等，僅能傳遞力量、改變物體位移方向的工具時，都不會產生更多的功。施力與位移的乘積——也就是功——都不會有變化。所以『功』有賦予名字的價值。功能原理可以用剛體力學推導、證明，當然也可以由實驗確認。」

蒂蒂:「gh 乘上 m 之後可以得到力與位移的乘積 Fs，也就是功。這實在太有趣了！」

蒂蒂興奮的聲音，讓米爾迦眼睛為之一亮。

看來米爾迦的開關被打開了。

5.6　另一條路徑

米爾迦：「蒂蒂想要自然地發現力學能守恆定律，這並不是問題。不過剛才的做法就像是硬要乘上一個 m，使位能轉變成『功』Fs 一樣。這裡讓我們從另一條路徑來說明力學能守恆吧。前面我們是依照這個順序前進

$$『位能』 \rightarrow 『功』$$

接著要改以這個順序前進

$$『功』 \rightarrow 『位能』$$

雖然我說是另一條路徑，但其實這才是原本的路徑。科學家們先定義功，再由功定義出位能。」

蒂蒂：「可是，位能是 mgh 對吧？」

米爾迦：「只有重力造成的位能是 mgh。雖然這樣定義位能不能說錯，卻會有個讓人困擾的地方。」

蒂蒂：「困擾的地方？」

米爾迦：「如果規定位能是 mgh，就算不出由重力以外的力造成的位能是多少了。」

蒂蒂：「重力以外的力！」

米爾迦：「手對球施力以抵抗重力，將球移動到較高的位置。接著放手，球便會因為重力而落下。施加在球上的重力，可改變球的位置。換言之

重力對球作功

那麼，為什麼重力可以對球作功呢？因為球在高處。也就是說

球處於擁有重力位能的狀態

或者也可以說

重力有對球作功的潛力

之所以說是潛力，是因為手放開之後，重力才開始作功。」

蒂蒂：「是、是的。我知道妳的意思。在手放開之前，被提起的球都會保持在相同位置。」

米爾迦：「『位於高處的球，擁有重力位能』這句話用位能來描述這件事。『重力對位於高處的球有作功的潛力』這句話用功來描述這件事。由此可知，位能就相當於『作功的潛力』，所以位能的英文是 **potential energy**。」

蒂蒂：「『potential』（潛在的）……原來如此。重力對球有作功的潛力，這件事可以想成『球擁有位能』對吧？」

米爾迦：「是這樣沒錯。不過要注意，位能代表的是作功的『能力』。而這個『能力』會隨著作功而減少。當重力對球做功──也就是球從高處往低處移動，『能力』就會跟著減少。也就是說，球的位置降低多少，潛在的能力就會減少多少。這要特別注意。」

蒂蒂：「啊，是的，沒問題。」

米爾迦：「讓我們試著用功來定義位能吧。當然，將重力套用到這種定義後，得到的位能也會等於 mgh。」

蒂蒂：「我明白。」

米爾迦：「不過，在這之前，我們必須先把功一般化。」

蒂蒂：「把功一般化？把 Fs 一般化嗎？」

米爾迦：「沒錯。只有在力的大小固定，且力與位移的方向相同時，功會等於 Fs。所以將功一般化時有兩個重點。」

米爾迦豎起了兩根手指。

①力與位移方向不同時的功
②力隨時間改變時的功

我：「原來如此啊⋯⋯原來妳想說的是這個。」

5.7 力與位移方向不同時的功

米爾迦：「力與位移方向相同時，功可定義成『力與位移的乘
　　　積』。那麼，力與位移方向不同時又如何呢？譬如以下這
　　　個情況。」

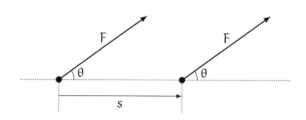

我：「考慮力的分量就可以了吧。」

米爾迦：「沒錯。這個例子中，位移與力的夾角為 θ，所以取力
　　　的分量 $F\cos\theta$，可以得到一個方向與位移相同的分量。這
　　　樣就和力與位移方向相同的狀況一樣了。」

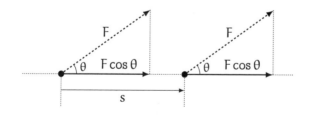

蒂蒂：「原來如此。F 與 $\cos\theta$ 相乘，可以得到 $F\cos\theta$，這就是
　　　用來作功的力對吧？也就是力的 x 分量。」

我：「嗯，但與其說是 x 分量，不如說是力在位移方向的分量
　　　比較正確。與座標軸的方向無關，重點在於力與位移的相
　　　對方向。」

蒂蒂:「嗯,確實如此。」

米爾迦:「考慮力與位移的相對方向,然後求出它們的乘積。
　　　也就是說,將力與位移想成向量,定義功是**向量的內
　　　積**。」

蒂蒂:「向量的內積!」

米爾迦:「兩個向量 $\vec{a}$ 與 $\vec{b}$ 之內積 · 的定義如下。

$$\vec{a} \cdot \vec{b} = |\vec{a}||\vec{b}|\cos\theta$$

θ 為兩個向量的夾角。」

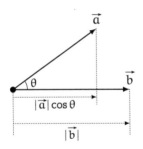

我:「嗯,將力 F 與位移 s 分別視為向量,那麼由定義可以知
　道,力 $\vec{F}$ 與位移 $\vec{s}$ 的內積就是

$$\vec{F} \cdot \vec{s} = |\vec{F}||\vec{s}|\cos\theta$$

這正好就是我們想求算的功。」

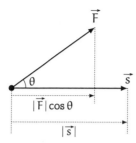

蒂蒂:「我想起來了*², 記得內積 $\vec{a} \cdot \vec{b}$ 就是 $\vec{a}$ 的影子 $|\vec{a}| \cos \theta$ 與 $\vec{b}$ 的大小 $|\vec{b}|$ 的乘積吧……唉呀, 請等一下。$\vec{F}$ 變成 $|\vec{F}|$ 的話, 功不就永遠都大於 0 了嗎?」

我:「$|\vec{F}|$ 與 $|\vec{s}|$ 的乘積決定大小, $\cos \theta$ 決定正負號, 這樣就沒問題囉。因為當 $90° < \theta \leq 180°$, $\cos \theta$ 為負數。」

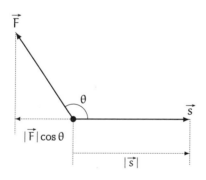

蒂蒂:「我差點忘了 $\cos \theta < 0$ 的情況……」

---

*2 請參考《數學女孩秘密筆記:向量篇》。

我：「考慮功 Fs 的正負號時，和力與位移同方向的情況一樣
（p.201）。這就像是將數值的乘積 Fs 推廣到向量的內積
$\vec{F} \cdot \vec{s}$ 一樣。」

- $0° \leqq \theta < 90°$時，$\cos\theta > 0$，故 $\vec{F} \cdot \vec{s} > 0$
- $90° < \theta \leqq 180°$時，$\cos\theta < 0$，故 $\vec{F} \cdot \vec{s} < 0$
- $\theta = 90°$時，$\cos\theta = 0$，故 $\vec{F} \cdot \vec{s} = 0$

蒂蒂：「我懂了！$\cos\theta$ 確實決定了正負號！」

功（力固定，且力與位移方向不同時）
對質點施加一定的力 $\vec{F}$，使質點從位置 $\vec{x_0}$ 移動到 $\vec{x_1}$。此時
的位移 $\vec{s} = \vec{x_1} - \vec{x_0}$，那麼力 $\vec{F}$ 與位移 $\vec{s}$ 的內積

$$\vec{F} \cdot \vec{s} = |\vec{F}||\vec{s}| \cos \theta$$

就稱做力 F 對質點作的功。

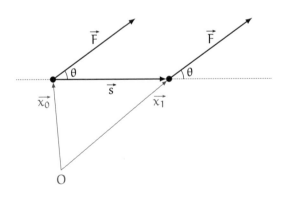

我：「由這個定義可以知道，與位移垂直的力，不會對質點做功。因為 $\cos 90° = 0$。」

蒂蒂：「明明有施力，功卻是 0……原來如此。因為力在位移方向的分量為 0。」

5.8　力隨時間改變時的功

米爾迦：「再來看看力隨時間改變的情況下，功要如何計算。」

我：「這時候就要用積分來取代乘積吧。也就是用力對位置的積分，取代力與位移的乘積 Fs。」

蒂蒂：「不是對時間積分，而是對位置積分嗎？」

我：「想成是座標圖中的面積就可以囉，而乘法可以看成積分的特例。先畫出『力與位置的關係圖』，譬如力固定時的圖長這樣。」

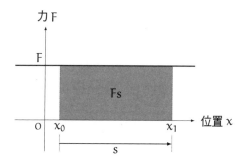

蒂蒂：「啊啊，橫軸就是位置嗎？」

我：「如果力會改變，就只能用積分求出面積了。譬如這就是
　　基準點 x_0 到 x_1 的積分。」

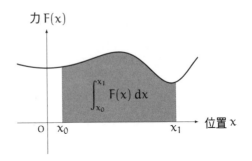

蒂蒂：「原來如此。」

我：「很有趣吧。既然積分結果可能會出現負的面積，就表示
　　功也可能是負的。所以這就是功的定義。

$$\int_{x_0}^{x_1} F(x)\,dx$$

　　應該不難看出這是乘積 Fs 推廣後的結果。所以，力對位置
　　的積分，就是功。」

米爾迦：「這個地方值得進一步思考。」

我：「咦？」

5.9 功

米爾迦：「你把功定義成力對位置的積分。所以也很自然地把
　　　力寫成了 $F(x)$。也就是說，你把質點受到的力想成是位置
　　　x 的函數。」

我：「嗯，因為每個位置 x，都會對應到唯一的力，所以可以寫成 $F(x)$ 不是嗎？」

米爾迦：「可是，一般來說，我們不會把力寫成位置的函數，那麼 $F(x)$ 這樣的寫法就沒有意義。」

我：「嗚，確實如此……」

米爾迦：「再說，我們現在想做的是把『功』一般化，然而『質點位置從 x_0 移動到 x_1 時的功』……這樣的敘述本身就有些奇怪。因為當我們想將力與位移的乘積『功』一般化，質點從 x_0 移動到 x_1 時走哪條路徑會是個問題。」

我：「對耶……我想起來了。」

蒂蒂：「走哪條路徑……為什麼會是問題呢？」

米爾迦：「質點從位置 x_0 移動到 x_1 時，路徑有很多條。可以不繞路，筆直地移動過去；可以在途中繞來繞去；還可以在移動時改變速度。如果只知道位移，並無法確定路徑是哪條。雖然我們想用積分定義對質點施力、使其移動時所作的功，但一般情況下，積分值會取決於走哪一條路徑。」

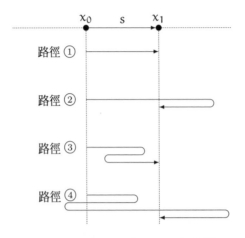

從位置 x_0 移動到 x_1 時，有很多種路徑

蒂蒂：「若是這樣，該怎麼定義功才好呢？」

米爾迦：「定義功的時候，須考慮路徑的情況。質點位置可寫成 $\vec{r}$。設起點的位置向量 $\vec{r} = \vec{x}_0$，終點的位置向量 $\vec{r} = \vec{x}_1$，給定兩點間的路徑 C。以微小的時間 Δt，將路徑切成許多細小的片段，形成折線 Γ。接著，求出折線 Γ 中第 k 個力向量 $\vec{F}_k$ 與位移向量 $\Delta \vec{r}_k$ 的內積，再將所有內積加總起來。

$$\sum_{\Gamma} \vec{F}_k \cdot \Delta \vec{r}_k$$

另 $\Delta t \to 0$，求這個總和的極限。這種積分方式又叫做沿著路徑 C 的線積分，可寫成以下式子。

$$\int_C \vec{F} \cdot d\vec{r}$$

這就是功的一般化定義。」

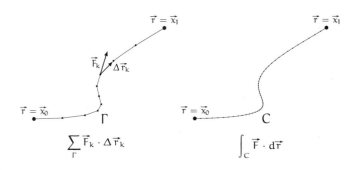

$$\sum_{\Gamma} \vec{F}_k \cdot \Delta \vec{r}_k \qquad \int_C \vec{F} \cdot d\vec{r}$$

功

受力 $\vec{F}$ 作用的質點沿著路徑 C，從位置 $\vec{r} = \vec{r_0}$ 移動到位置 $\vec{r} = \vec{r_1}$ 時，以下的線積分

$$\int_C \vec{F} \cdot d\vec{r}$$

就是這個力對質點作的功。

米爾迦：「像這樣用線積分來定義功的做法，可以用在一般的力上，也可以用在三維空間中的運動。接下來我們要來看看更有趣的東西，那就是保守力作的功。」

5.10 保守力作的功

蒂蒂：「我、我覺得式子好像有點難懂⋯⋯」

米爾迦：「嗯。先來看看一維情況的數學式吧。就像我們剛才說的一樣，計算從位置 x_0 到 x_1 所作的功時，路徑十分重要。隨著路徑的不同，積分結果可能會不一樣。但我們注意到，如果照你剛才的定義（5.8 節）來積分

$$\int_{x_0}^{x_1} F(x)\, dx$$

因為力是位置的函數，所以計算出來的積分數值會是一個固定值。只要決定 x_0 和 x_1 這兩個位置，不管是透過哪一條路徑來積分，數值都相等——我們關心的是這一類的力。這種力叫做保守力。」

功（功不因路徑不同而改變的情況）

對位於 x 的質點施加的力 $F(x)$。使質點從 x_0 移動到 x_1。如果力對位置的積分結果，不因路徑不同而改變，便稱力 $F(x)$ 是保守力。並定義以下積分為保守力 $F(x)$ 對質點作的功。

$$\int_{x_0}^{x_1} F(x)\, dx$$

我：「我記得，保守力可以用來定義位能對吧？」

米爾迦：「沒錯。如果某種力是保守力，或者說積分結果不隨著路徑不同而改變時，只要確定起點與終點這兩個位置，

就可以由作的功來定義位能。我們接下來就要用功來定義位能。簡單來說，就是定義『位能』的減少量，等於『保守力對質點作的功』。」

蒂蒂：「請、請等一下！不要把蒂蒂晾在一邊不管啦！那、那個⋯⋯保守力讓蒂蒂有些混亂。難道力可以分成很多種嗎？像是來自手的力、來自機械的力之類的。」

米爾迦：「力的由來不是問題。每個力都有它的方向與大小。力的方向與大小有什麼樣的性質才是問題。」

蒂蒂：「那、保守力有什麼例子呢？」

米爾迦：「譬如**重力**就是保守力。施加在質點上的重力為垂直向下，大小為 mg，與質量 m 成正比。而且重力的大小、方向不會因質點路徑的不同而改變。」

我：「實際來積分看看吧。重力 $F(x) = -mg$ 使質點 x_0 移動到 x_1 時，重力對質點作的功如下。

$$\int_{x_0}^{x_1} F(x)\,dx = \int_{x_0}^{x_1} (-mg)\,dx$$
$$= \Big[-mgx\Big]_{x_0}^{x_1}$$
$$= -mgx_1 + mgx_0 \quad \text{」}$$

蒂蒂：「啊⋯⋯積分結果真的只由起點 x_0 和終點 x_1 決定耶。」

我：「另外像是**萬有引力**也是保守力喔。」

蒂蒂：「這樣一來，不就表示所有力都是保守力嗎？有沒有不
　　　　是保守力的例子呢⋯⋯」

米爾迦：「最好理解的非保守力就是**動摩擦力**。拉動粗糙地面
　　　　上的物體時，手的施力必須大於動摩擦力的抗力才行。動
　　　　摩擦力的大小取決於地面的粗糙程度與物體的質量，不過
　　　　動摩擦力的方向永遠與位移方向相反，所以動摩擦力並不
　　　　是位置的函數。」

蒂蒂：「⋯⋯我可以想像摩擦力的方向與移動方向相反，譬如
　　　　拖著行李時感受到的摩擦力。不過，不管位置在哪裡，摩
　　　　擦力大小都一樣不是嗎？這樣一來，摩擦力應該也和重力
　　　　一樣，是位置的函數吧？」

我：「雖然不管在哪個位置，動摩擦力的大小都一樣，不過方
　　　向並不一樣喔，蒂蒂。譬如往右移動時的動摩擦力，就與
　　　往左移動時的動摩擦力方向相反。所以即使在相同位置，
　　　動摩擦力也不一定一樣。」

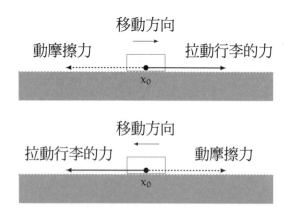

蒂蒂：「啊！方向！方向真的不一樣耶……」

米爾迦：「想像一個動來動去，最後卻回到起始位置的物體就可以理解了。如果是保守力，只要有兩個位置就能決定積分結果，所以如果物體回到起始位置，積分就會是 0，因為位移是 0。不過，動摩擦力的方向永遠與位移相反。只要物體有移動，動摩擦力就會作負功。而且物體動得越多，作的功與 0 的差距就越大，絕對不會變回 0，所以動摩擦力不是保守力。對於拉行李時的施力而言，動得越多，對行李作的功也越大。」

蒂蒂：「拉著行李移動的時候，手的施力會對行李作功沒錯吧？不過放手之後，行李也會停下來，所以動能並沒有增加。行李的高度沒有改變，所以重力造成的位能也沒有增加。那手的施力作的功跑到哪裡去了呢？」

米爾迦：「這些功轉變成了**熱能**等其他形式的能量，稍微加熱了地面。如果發出了沙沙沙的聲音，就表示功也轉變成了**聲能**。」

蒂蒂：「其他形式的能量！原來如此，我懂了！」

在蒂蒂因為想通而大喊出聲後，她又低下頭翻著她的筆記，開始思考別的事。

蒂蒂：「……如果某種力是位置的函數，且積分結果僅由位置決定，與路徑無關，那麼這種力就是保守力──到這邊我還算可以理解。不過，為什麼要討論這樣的力呢？」

　　米爾迦彈了一下手指。

米爾迦：「因為保守力可以定義位能。」

◎　◎　◎

　　因為保守力可以定義位能。

　　接下來，我們要試著定義『位能』的減少量，等於『保守力對質點作的功』。

　　為了簡化問題，先從一維情況開始討論吧。

　　設一個保守力 $F(x)$ 作用在質量為 m 的質點上，並設質點以速度 v 運動時的動能為 K。

$$K = \tfrac{1}{2}mv^2$$

將這個式子對時間 t 微分。計算時注意合成函數的微分 $\dfrac{d}{dt}(v^2) = 2v\dfrac{dv}{dt}$，可以得到以下結果

$$\frac{dK}{dt} = \frac{d}{dt}\left(\tfrac{1}{2}mv^2\right) = mv\frac{dv}{dt}$$

因為 $\dfrac{dv}{dt}$ 等於加速度 a，所以會變成這樣。

$$\frac{dK}{dt} = mva = mav$$

由牛頓運動方程式 $F(x) = ma$，可以得到 $mav = F(x)v$，故

$$\frac{dK}{dt} = F(x)v$$

因為 $v = \dfrac{dx}{dt}$，故以下等式成立。

$$\frac{dK}{dt} = F(x)\frac{dx}{dt}$$

從任意時間 t_0 到時間 t_1 的積分為：

$$\int_{t_0}^{t_1} \frac{dK}{dt}\,dt = \int_{t_0}^{t_1} F(x)\frac{dx}{dt}\,dt$$

令時間 t_0、t_1 的動能分別為 $K(t_0)$、$K(t_1)$，可改寫等號左邊如下：

$$K(t_1) - K(t_0) = \int_{t_0}^{t_1} F(x)\frac{dx}{dt}\,dt$$

令時間 t_0、t_1 的位置分別為 x_0、x_1，可寫等號右邊如下：

$$K(t_1) - K(t_0) = \int_{x_0}^{x_1} F(x)\,dx$$

等號右邊相當於『保守力對質點作的功』，將它移項到等號左邊，可以得到以下式子：

$$K(t_1) - K(t_0) - \int_{x_0}^{x_1} F(x)\,dx = 0 \qquad \cdots\cdots \heartsuit$$

我們想在最後得到可以表示『位能』的函數 $U(x)$，並希望它的減少量等於『保守力作的功』，所以位能函數應滿足以下式子：

$$-\int_{x_0}^{x_1} F(x)\,dx = U(x_1) - U(x_0)$$

因為 $F(x)$ 是保守力，所以滿足這個式子的函數 $U(x)$ 必存在，其實它就是 $-F(x)$ 的反導函數之一。我們可以用 $U(x)$ 把 $\heartsuit$ 改寫如下：

$$K(t_1) - K(t_0) + U(x_1) - U(x_0) = 0$$

整理後可以得到以下結果：

$$K(t_1) + U(x_1) = K(t_0) + U(x_0)$$

這是個令人振奮的結果。

　　為什麼是個令人振奮的結果呢？

◎　◎　◎

米爾迦：「為什麼是個令人振奮的結果呢？」

蒂蒂：「因為這是守恆量！

$$K(t) + U(x)$$

這個物理量永遠保持恆定！不會改變！」

米爾迦：「正是如此。」

蒂蒂：「米爾迦學姊，米爾迦學姊！$U(h)$ 就是位能 mgh 對吧？
如果改寫成這樣

$$K(t) + U(h) = \tfrac{1}{2}mv^2 + mgh$$

就是力學能守恆定律了！」

米爾迦：「沒錯。因為函數 $U(x)$ 由位置決定，故命名為位能。
如果考慮的是重力，那麼 $U(h) = mgh$ 指的就是重力位能。」

蒂蒂：「有重力以外的位能嗎？」

米爾迦：「保守力 $F(x)$ 對位置積分，再加上負號之後，可以得
到 $U(x)$。也就是說，保守力 $F(x)$ 造成的位能變化可由以下
積分計算出來。

$$-\int_{x_0}^{x_1} F(x)\, dx = \ ?$$

因為是保守力，所以下式中的 $U(x)$ 存在。

$$-\int_{x_0}^{x_1} F(x)\, dx = U(x_1) - U(x_0)$$

這就是由保守力 $F(x)$ 求出位能 $U(x)$ 的方法。如果不是保守力，就無法定義位能。如果對質點作功的力是保守力，力學能就會守恆。」

位能

對於保守力 $F(x)$ 來說，如果位置 x 的函數 $U(x)$ 符合以下條件

$$-\int_{x_0}^{x_1} F(x)\, dx = U(x_1) - U(x_0)$$

稱 $U(x)$ 為保守力 $F(x)$ 的位能。

我：「我記得我曾因為保守力這個名稱而混淆觀念。如果將『保守力是符合力學能守恆定律的力』這樣的敘述誤解成保守力的定義就糟了，因為這只是在敘述一件理所當然的事。『保守力是符合力學能守恆定律的力』應該當成保守力擁有的性質才對。」

米爾迦：「只有保守力作功的時候，力學能不會改變。這是理所當然的性質。

- 不論是保守力還是非保守力，力對質點作功時，都會增加質點的動能。我們可以由牛頓運動方程式推導出這點。
- 若保守力對質點作功，作了多少功，位能就會減少多少。因為我們就是這樣定義位能的。

如果只有保守力對質點作功，力學能就不會改變。因為力學能是動能與位能的總和。只有保守力作功下，動能增加多少，位能就會減少多少，因此力學能會守恆。」

我：「我以為我原本就知道保守力是什麼，不過現在觀念又更清楚了。」

蒂蒂：「知道保守力 $F(x)$ 之後，就能求出位能 $U(x)$ 了——原來如此，這樣就能求出重力位能 mgh 以外的位能了對吧？」

我：「保險起見，先用重力確認看看吧！」

蒂蒂：「位於高度 x 的質點，受到的重力固定為 $F(x) = -mg$，故可得到⋯⋯

$$
\begin{aligned}
-\int_{x_0}^{x_1} F(x)\,dx &= -\int_{x_0}^{x_1} (-mg)\,dx \\
&= \int_{x_0}^{x_1} mg\,dx \\
&= \Big[mgx \Big]_{x_0}^{x_1} \\
&= mgx_1 - mgx_0
\end{aligned}
$$

所以說，高度為 h 時，重力位能會變成這樣！

$$U(h) = mgh \quad \rfloor$$

米爾迦：「嚴格來說，這是規定物體在高度為 0 時，位能等於 0 的情況。」

蒂蒂：「？」

我：「因為我們可以任意決定位能為 0 的位置。舉例來說，如果我們規定另一種位能 $V(h)$ 在高度 H 時等於 0，那就可以透過 $V(h) = U(h) - U(H)$ 的方式，計算出 $V(h)$ 的大小。此時

$$
\begin{aligned}
V(x_1) - V(x_0) &= (U(x_1) - U(H)) - (U(x_0) - U(H)) \\
&= U(x_1) - U(x_0)
\end{aligned}
$$

所以位能差仍相等。」

蒂蒂：「原來如此……就是決定基準點位置的問題吧。總之，這樣我就知道如何從保守力計算出位能了。」

我：「正負號稍微有點複雜就是了。」

米爾迦：「計算保守力的位能時，還有另一種思考方式。想像有一個對抗保守力 $F(x)$ 的力，也就是 $-F(x)$ 作用於質點上，在準靜態下將質點從 x_0 移動到 x_1。也就是將原本的積分式

$$-\int_{x_0}^{x_1} F(x)\, dx$$

想成這個形式。

$$\int_{x_0}^{x_1} (-F(x))\, dx$$

譬如當重力 $F(x) = -mg$，可以將以下積分式

$$-\int_{x_0}^{x_1} (-mg)\, dx$$

想成這個樣子。

$$\int_{x_0}^{x_1} mg\, dx$$

兩者結果相同。」

我：「咦……」

米爾迦：「那麼，蒂蒂滿足了嗎？」

蒂蒂：「嗯！……不，沒有……」

我：「唉呀？」

5.11　所以，力學能究竟是什麼

蒂蒂：「就是啊。將功一般化後，可用來定義位能這件事我是瞭解了。動能由速度決定，位能可由保守力作的功計算出來……但、但是歸根究柢，力學能究竟是什麼呢？」

我：「力學能是什麼……？」

蒂蒂：「很抱歉又把話題拉了回來。我隱約知道力學能的概念。啾的一聲飛過來的球，如果打到頭會很痛，因為球有動能。位於高處的球掉下來打到頭也會很痛，因為球有位能。但總覺得還是沒有完全理解什麼是力學能。」

我：「一定要打到頭嗎？」

米爾迦：「別開玩笑。」

我：「唉呀，抱歉。」

蒂蒂：「但是，如果問我力學能是什麼，我回答不出來。我想要像拿著球一樣，拿著某個東西說『這個就是力學能』。」

米爾迦：「力學能不像球一樣有實體。力學能本身不占空間，也沒有質量或速度。」

蒂蒂：「咦！」

米爾迦：「只有物體擁有質量、速度、位置。力學能本身並沒有質量、速度、位置。」

蒂蒂：「啊、啊啊……說的也是。」

米爾迦：「我們沒辦法拿著某個東西，說『這個就是力學能』。因為力學能是人類想像出來的抽象概念。」

蒂蒂：「沒有實體的抽象概念——可以這麼模糊不清嗎？」

米爾迦：「雖然抽象，卻不模糊。質點擁有的力學能，就是動能與位能的和。」

蒂蒂：「是的……」

米爾迦：「動能可由 $\frac{1}{2}mv^2$ 計算出來，位能可由保守力積分得到的功算出來。」

蒂蒂：「這個情況下，我會想說『這個就是功』。」

米爾迦：「我們可以用積分來定義功。如果有人問功是什麼，就只能用積分式回答他。也就是 Fs 或 $\int_C \vec{F} \cdot d\vec{r}$。功也是個抽象的概念——但並不模糊。」

我：「我倒是可以瞭解為什麼蒂蒂會覺得『還是沒有完全理解』。」

米爾迦：「就是因為這樣，所以才要寫成數學式。若非得拿起什麼才行，就拿起數學式吧。」

蒂蒂：「拿起數學式……」

蒂蒂的雙手像是撈了什麼一樣往上舉。
大概是想要舉起數學式吧。

5.12　數學是語言

米爾迦：「有些物理量可以直接測量出來；有些物理量需由多種物理量組合出來。只有當我們用數學式表示這些物理量，才能檢視它們的性質，以及各個物理量之間的關係。

在這個過程中，數學扮演著非常重要的角色。」

蒂蒂：「這麼說來……我們會用函數來表示質點的運動、用微分或積分等工具計算、考慮極限的情況、向量、用三角函數算出向量的分量與向量的內積。物理學與數學還真的有密切的關係耶……」

米爾迦：「牛頓發現了加速度定律，並用運動方程式這種數學形式來描述加速度定律。甚至可以說牛頓發現了能夠表示加速度定律的數學——微積分。」

蒂蒂：「原來如此……這樣一想，數學就不僅僅是『思考用的工具』，也是『溝通用的工具』囉。」

米爾迦：「就像語言是『思考用的工具』，也是『溝通用的工具』一樣。」

蒂蒂：「不只『數學是語言』，『數學式也是語言』！」

我：「語言啊……數學也可以用視覺方式呈現對吧？譬如用面積來表示積分就很有趣喔！和由梨談到積分的時候，我會用圖形的面積來說明。譬如在說明『對誰積分』的時候，我會要她『確認圖的座標軸』。」

蒂蒂：「圖的座標軸？」

我：「妳看嘛，速度對時間積分得到位移的過程，就相當於在計算橫軸為時間之『速度－時間圖』的面積對吧？」

蒂蒂：「啊，說的也是。」

我：「和這個一樣，以位置為橫軸，畫出『力－位置圖』，再計算面積，就可以得到功。嗯，舉例來說，用手移動質點的時候，如果力是一個與位置 x 成正比的函數，就可以表示如下：

$$F(x) = kx$$

質點從 0 移動到 x 的過程中，手對質點作的功可寫成

$$\frac{1}{2}kx^2$$

也就是這個圖的面積。」

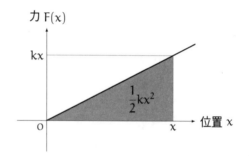

蒂蒂：「原來如此⋯⋯話說回來，這個力是位置的函數，力與位置成正比，兩者的關係相當簡潔有力，但實際上真的有這種力存在嗎？」

我：「有喔。像是——」

米爾迦：「有。」

蒂蒂：「像是電腦或什麼特殊機器嗎？」

米爾迦：「像是拉彈簧的時候。」

蒂蒂：「彈簧？！」

5.13 衍生自彈簧彈性能力的位能

米爾迦：「水平放置彈簧，並將彈簧的一端固定在牆壁上，然後試著用手移動彈簧的另一端，此時手就會受到來自彈簧的力。來自彈簧的力，會與彈簧伸縮的方向相反。」

蒂蒂：「是的，這個我知道。拉開彈簧時，彈簧會自動縮回去；壓縮彈簧時，彈簧會自動撐開來……是這個意思吧？」

米爾迦：「彈簧不伸長也不收縮時的長度，叫做自然長度。設彈簧為自然長度時，質點所在位置為原點，彈簧伸長的方向為正向，收縮的方向為負向。」

蒂蒂：「好的。」

米爾迦：「彈簧的力會遵守虎克定律這個物理定律。」

虎克[*3]定律

設彈簧的彈性係數為 k，當彈簧從原本的自然長度拉長了 x 時，彈簧對質點施加的力 F 為

$$F = -kx$$

這裡的 $-kx$ 之所以有個負號，是因為力的方向與伸縮方向相反。彈性係數表示彈簧的強度，每個彈簧各有不同的彈性係數，皆為大於 0 的常數。

[*3] 羅伯特・虎克（Robert Hooke），1635-1703。

蒂蒂：「原來如此……那麼當『彈簧長度』變成 2 倍，力的大小也會變成 2 倍嗎？」

米爾迦：「不對。」

蒂蒂：「咦？不是成正比嗎？」

我：「蒂蒂，成正比的不是『彈簧長度』本身，而是『彈簧伸長量』或『彈簧收縮量』喔」

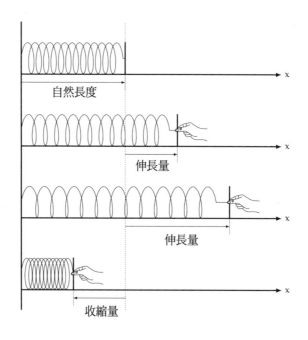

蒂蒂：「唉呀！對耶！我原本的意思也是這樣，卻不小心說出『彈簧長度』了。」

米爾迦：「彈簧的伸縮量是由質點的位置決定的。」

蒂蒂：「啊……我知道是怎麼回事了。考慮重力的時候，不管質點位置在哪裡，重力大小都一樣。不過考慮彈簧的力時，力的大小會因為質點位置而改變。」

我：「知道彈簧的力之後，就能計算位能囉。」

米爾迦：「彈簧的力叫做**彈性力**。彈簧彈性力的位能可由積分算出。只要用虎克定律

$$F(x) = -kx$$

計算 $x = x_0$ 到 $x = x_1$ 的積分如下，就可以得到彈簧彈性力所造成的位能差 $U(x_1) - U(x_0)$ 了。

$$
\begin{aligned}
-\int_{x_0}^{x_1} F(x)\,dx &= -\int_{x_0}^{x_1} (-kx)\,dx \\
&= \int_{x_0}^{x_1} kx\,dx \\
&= \left[\tfrac{1}{2}kx^2 \right]_{x_0}^{x_1} \\
&= \tfrac{1}{2}kx_1^2 - \tfrac{1}{2}kx_0^2
\end{aligned}
$$

這裡設

$$U(x) = \tfrac{1}{2}kx^2$$

那麼 $U(x)$ 就可以代表彈性力的位能了，且自然長度下的位能為 0。」

彈簧彈性力造成的位能

設自然長度下的彈簧位能為 0，當彈簧從原本的自然長度拉長了 x 時，位能 $U(x)$ 如下：

$$U(x) = \tfrac{1}{2}kx^2$$

其中，k 為彈性係數。

5.14 衍生自萬有引力的位能

米爾迦：「萬有引力作的功，不受路徑的影響，僅由兩點位置決定。萬有引力是保守力。」

蒂蒂：「我記得萬有引力『和距離·的平方·成反比♪』。我應該也做得出它的積分！」

我：「我是有背萬有引力的位能公式，不過只要將力對位置積分，就可以得到位能了對吧？」

米爾迦：「假設有個火箭漂浮在宇宙中，讓我們來算算看萬有引力對它造成的位能吧！假設地球質量是 M，火箭質量是 m。火箭與地球的距離為 r 時，試計算萬有引力造成的位能。」

蒂蒂：「設萬有引力常數為 G，由萬有引力定律可以知道，當質量 M 與 m 的質點距離 r，作用在質量 m 質點上的萬有引

力大小為

$$G\frac{Mm}{r^2}$$

方向是……嗯……」

我:「和重力一樣,設遠離地球的方向為正,所以萬有引力會是這樣對吧?

$$F(r) = -G\frac{Mm}{r^2}$$」

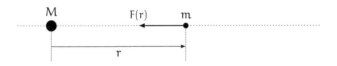

蒂蒂:「重力可將火箭從 r_0 拉動到 r_1。呃,方向應該要朝哪一邊呢?」

我:「如果妳指的是 r_0 和 r_1 的大小關係,其實不管誰大誰小都沒關係喔。只要確定 $F(r)$ 怎麼算,再來只要相信數學,算出這個積分就可以了。

$$-\int_{r_0}^{r_1} F(r)\, dr$$」

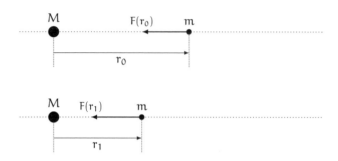

重力將火箭從 r_0 拉到 r_1

蒂蒂：「那、那我試試看。

$$-\int_{r_0}^{r_1} F(r)\,dr = -\int_{r_0}^{r_1} \left(-G\frac{Mm}{r^2}\right)\,dr$$

$$= \int_{r_0}^{r_1} G\frac{Mm}{r^2}\,dr$$

$$= GMm \int_{r_0}^{r_1} \frac{1}{r^2}\,dr$$

$$= GMm \left[-\frac{1}{r}\right]_{r_0}^{r_1}$$

$$= GMm \left(\left(-\frac{1}{r_1}\right) - \left(-\frac{1}{r_0}\right)\right)$$

$$= \left(-G\frac{Mm}{r_1}\right) - \left(-G\frac{Mm}{r_0}\right)$$

然後定義

$$U(r) = -G\frac{Mm}{r}$$

可以得到

$$-\int_{r_0}^{r_1} F(r)dr = U(r_1) - U(r_0)$$

再來只要設定 $U(r) = 0$ 的基準點就可以了……唉呀？萬有引力的位能基準點應該要設在哪裡才好呢？因為分母有個 r，所以 $U(r)$ 不可能會等於 0 耶。」

我：「設 $r \to \infty$，也就是把**無窮遠點**當作基準點就可以囉。也就是說

$$r \to \infty \quad 時，\quad U(r) \to 0 \quad」$$

蒂蒂：「無窮遠點！……好的，這樣我就會算了。以無窮遠點為基準點的萬有引力位能就是這樣！

$$U(r) = -G\frac{Mm}{r} \quad」$$

萬有引力位能

設定無窮遠處的位能為 0，質量 m 之質點與質量 M 之質點的距離為 r，那麼萬有引力位能 $U(r)$ 為

$$U(r) = -G\frac{Mm}{r}$$

其中，G 為萬有引力常數。

5.15 飛出地球需要的速度

米爾迦：「蒂蒂算出了萬有引力位能。接下來就來計算飛出地球的條件吧！」

蒂蒂：「飛出地球？」

米爾迦：「將球垂直上拋，球會回到原處。球的初速越大，在回到原處以前就能飛得越高。不過，當初速超過某個數值，就不會回到原處，而是像火箭那樣繼續飛向太空。」

蒂蒂：「考慮萬有引力的時候，必須一直從太空中俯瞰整個過程對吧！之前我們都只是將手邊的球往上拋而已，現在則是要進入宇宙！」

米爾迦：「當然，在這個例子中，我們無視了空氣阻力，以及太陽與其他行星的影響。不過，只要善用我們之前提到的知識，就可以計算出結果，這不也很有趣嗎？」

蒂蒂:「計算……」

米爾迦:「知道萬有引力位能後,就可以求出地球表面的脫離
速度。」

問題 5-2(地球表面的脫離速度)
將質量為 m 的質點從地面往上拋。若希望質點不再回到地
球,試求初速的最小值 V。設萬有引力常數為 G、地球質量
為 M、地球半徑為 R。這裡的 V 又稱做地球表面的脫離速
度,或是第二宇宙速度。

蒂蒂:「那首先是時間……唉呀,時間不知道是多少耶。因為
質點不再回到地球,所以無法定出回到地球的時間!」

我:「力學能守恆定律剛好能在這時候派上用場喔。」

蒂蒂:「請等一下。力學能守恆不是要比較兩個時間點的力學
能嗎?但是這個質點不再回到地球,會持續飛行下去,那
要取哪兩個時間點來比較呢?」

米爾迦:「該如何用數學式表示『不再回來』的現象呢?」

蒂蒂:「我不知道……」

我:「質點會從地球出發,假設質點與地球拉開一定距離時,
速度會歸 0。在這之後,質點會被地球的引力拉回地球對
吧?」

蒂蒂:「……是啊」

我:「所以說,完全脫離的條件就是『不管質點距離地球多遠,速度大小都不會變成 0』……也就是說,動能永遠都得是正數。」

◎　◎　◎

也就是說,動能永遠都得是正數。

- 設與地球中心的距離為 r 時,速度為 v。
- 設位於地球表面時,位置為 R,速度為 V。

因為力學能守恆,故以下等式成立。

$$\frac{1}{2}mv^2 - \frac{GMm}{r} = \frac{1}{2}mV^2 - \frac{GMm}{R}$$

由此等式可以知道,距離地球中心的距離為 r 時,動能如下。

$$\frac{1}{2}mv^2 = \frac{1}{2}mV^2 - \frac{GMm}{R} + \frac{GMm}{r}$$

換言之,對於任意正數 r,動能為正的條件如下。

$$\underbrace{\frac{1}{2}mV^2 - \frac{GMm}{R}}_{\heartsuit} + \underbrace{\frac{GMm}{r}}_{\clubsuit} > 0$$

式中,r 非常大的時候,♣ 會趨近於 0,故需取 $\heartsuit \geq 0$。
也就是說(接次頁)

$$\heartsuit = \frac{1}{2}mV^2 - \frac{GMm}{R} \geqq 0$$

$$\frac{1}{2}mV^2 \geqq \frac{GMm}{R}$$

$$V \geqq \sqrt{\frac{2GM}{R}}$$

滿足這個式子的最小的 V 如下！

$$V = \sqrt{\frac{2GM}{R}}$$

◎　◎　◎

解答 5-2（地球表面的脫離速度）

$$V = \sqrt{\frac{2GM}{R}}$$

米爾迦：「這裡的 V，就是當力學能等於 0，質點在地球表面的速度。也就是說，以下等式會成立 $K(V)+U(R) = 0$」

$$K(V) + U(R) = 0$$

蒂蒂：「如果超過這個速度，就可以飛到外太空！趕快來算出

具體的數值*⁴吧！太空旅行近在眼前了！」

瑞谷老師：「離校時間到了。」

我們嚇了一跳。

負責管理圖書的瑞谷老師，在圖書館宣告離校時間到了。

已經到這個時間了啊。我們一開始只是在想像，球被拋出後會畫出什麼樣的拋物線，後來則一直聯想到飛離地球的火箭。

嗯，就像蒂蒂說的一樣。

思考物理的時候，自然而然的就會站在太空的視角。

……至今，我仍無法透過各種實際現象，

說明重力擁有上述性質的原因。

……不過對我們來說，重力確實存在，

且會遵守我們前面說明的各種定律。

重力還能說明各種星體的運動，以及（地球的）海的各種運動，

這樣就足夠了。

——艾薩克・牛頓[23]

---

*4 請參考第 5 章末的問題 5-5（p.256）。

第 5 章的問題

●問題 5-1（重力位能與功）

質量 m 的質點位於高度 h 時，重力位能可寫成 $U(h)$。設 $U(0) = 0$，重力加速度為 h。請回答蒂蒂的疑問。

蒂蒂：「$U(h) = mgh$ 成立。假設位於高度 h 的質點掉落到高度 0，就表示重力讓質點移動了 h 的距離。此時重力對質點作的功為 mgh，質點原本擁有的重力位能等於 $U(h)$。不過，當質點沿著斜面滑下來，質點移動的距離 s 比 h 大對吧？這不就表示，重力對質點作的功比原本擁有的重力位能 $U(h)$ 還要大嗎！這個想法哪裡不對？」

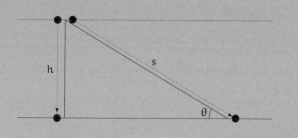

（解答在 p.324）

●問題 5-2（功的能量單位）

對質點施加 1 N 的力，使質點沿著力的方向移動 1 m，此時作的功定為：

$$\overset{\text{焦耳}}{1\ \ J}$$

這也是能量的單位。如果將 1 J 改用國際單位制（SI制）表示，會是：

$$1\,\text{J} = 1\,\text{kg} \cdot \text{m}^2/\text{s}^2$$

請回答以下問題。

①質量 $m = 100\,\text{g}$ 的球以 $v = 100\,\text{km/h}$ 的速度飛行時，動能是多少 J？（答案小數第一位請四捨五入）

②在地球上，要將質量 50 kg 的物體抬高到 10 m 時，須要作多少 J 的功？設重力加速度為 $g = 9.8\,\text{m/s}^2$。

（解答在 p.328）

●問題 5-3（交通安全）

① 「以 100 km/h 的速度奔馳，質量為 1000 kg 的汽車擁有
　的動能」是「以 100 km/h 的速度飛行，質量為 100 g 的
　球擁有的動能」的幾倍？

② 以 25 km/h 的速度奔馳的汽車，加速到了 100 km/h。請問
　動能變成了幾倍？

（解答在 p.330）

●問題 5-4（功與力學能）

對靜止質點 m 施加垂直向上且大小固定的力 F，將質點從
高度為 0 的地方提升到高度為 h 後，質點的速度為 v，方向
為垂直往上。試證明力 F 對質點作的功，等於質點增加的
力學能。

（解答在 p.331）

●問題 5-5（地球表面的脫離速度）

請實際計算出 p.251 中提到的「地球表面的脫離速度」（第二宇宙速度）V。

$$V = \sqrt{\frac{2GM}{R}}$$

各常數數值如下所示，計算結果以兩位有效數字的形式回答，譬如 9.9×10^n m/s。

- G 為萬有引力常數，$G = 6.67 \times 10^{-11}$ N · m^2/kg^2
- M 為地球質量，$M = 5.97 \times 10^{24}$ kg
- R 為地球半徑，$R = 6.38 \times 10^6$ m

（解答在 p.333）

●問題 5-6（動量守恆定律）

假設太空中有兩個質點 1、2，兩質點的質量分別為 m_1、m_2，速度分別為 v_1、v_2。

- 設質點 2 對質點 1 施加的作用力為 F_1，
- 設質點 1 對質點 2 施加的作用力為 F_2。

除了 F_1 與 F_2 之外，無其他力作用在這兩個質點上，且兩質點僅在一條直線上運動。試證明以下物理量

$$m_1 v_1 + m_2 v_2$$

不會隨著時間改變，為守恆量。

提示：

第三運動定律（作用力與反作用力定律）

質點 A 對質點 B 施力時，質點 A 也會受到來自質點 B 的施力，兩者大小相同，方向相反。

（解答在 p.334）

尾聲

某日某時，在數學資料室內。

少女：「老師，這是什麼？」

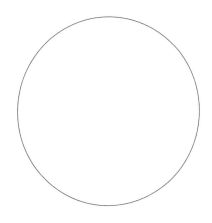

老師：「妳覺得是什麼呢？」

少女：「是圓。」

老師：「其實是橢圓。」

少女：「啊啊，因為圓也是橢圓的一種嗎？」

老師：「不不，這個圖形確實不是圓。這是火星的公轉軌道形
　　　狀，是一個橢圓喔。因為 b 的長度約為 a 的 99.1%，所以

非常接近圓*¹。橢圓有兩個焦點，太陽就位於其中一個焦點，另一個焦點上什麼都沒有。」

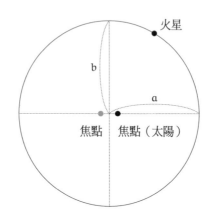

少女：「不過火星的公轉軌道幾乎等於圓耶。」

老師：「克卜勒*³使用第谷・布拉赫*²的觀測資料研究行星的運動，並認為運行的軌道是橢圓。」

少女：「咦！」

老師：「在許多人仍堅持火星軌道是圓形的當時，克卜勒就看出了軌道其實是橢圓形，這點十分屬害。而這就是**克卜勒第一定律**。」

＊1 *a* 與 *b* 分別稱做妥圓的半長軸與半短軸。

＊2 第谷・布拉赫（Tycho Brahe），1546-1601。

＊3 約翰尼斯・克卜勒（Johannes Kepler），1571-1630。

克卜勒第一定律

行星的公轉軌道是一個橢圓，且太陽位於橢圓的其中一個焦點。

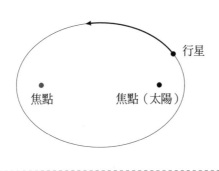

少女：「水星、金星、地球、火星、木星、土星、天王星、海王星。每個行星的公轉軌道都是橢圓耶。」

老師：「是啊。每個行星的公轉軌道形狀與方向各有不同，不過都是橢圓，且太陽必位於橢圓的其中一個焦點。橢圓曲線上的每個點，與兩焦點的距離總和固定。在兩個焦點分別釘上兩根針，將一條線綁在兩根針上，就可以用鉛筆畫出橢圓形。」

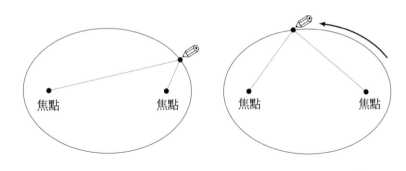

畫出橢圓

少女：「軌道的形狀居然是以太陽為焦點的橢圓，真不可思議。」

老師：「第一定律就是在描述行星的軌道形狀。相較於此，克卜勒第二定律則是描述行星的運動速度。」

克卜勒第二定律
行星與太陽的連線線段，在單位時間內掃過的圖形面積保持一定。

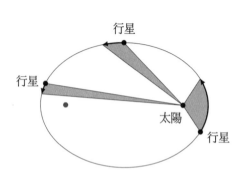

少女：「線段掃過的圖形？」

老師：「以線段連接行星與太陽。在一定時間內，隨著行星的移動，線段可以畫出一個扇形。克卜勒第二定律說的就是，線段在單位時間內畫出來的圖形面積保持一定*4。」

少女：「就像汽車的雨刷在刷擋風玻璃時留下的痕跡一樣耶。」

老師：「是啊。不過線段長度會隨著行星的移動而伸縮就是了。」

少女：「第二定律是與行星速度有關的定律對吧？行星離太陽越近，就動得越快；離太陽越遠，就動得越慢。距離太陽較近時線段較短，所以橢圓軌道上的行星必須動得快一點，才能增加畫出的面積。」

老師：「嗯嗯，就是這樣。」

少女：「話雖如此，真虧他能發現出這個定律呢。」

老師：「第谷‧布拉赫長期觀測行星的運動，並記錄了下來。人類無法對行星的運動做實驗，卻可以觀測行星的運動。當時還沒有望遠鏡，所以第谷‧布拉赫是用肉眼觀測行星的運動。就當時技術而言，他的觀測精確度十分驚人。」

少女：「居然是用肉眼！」

老師：「克卜勒定律的背後，由第谷‧布拉赫留下的大量精確

＊4 這個線段在單位時間內畫出的面積，叫做面積速度。

觀測資料支撐著。克卜勒就是以這些觀測資料為基礎進行計算,推導出克卜勒定律。」

少女:「……」

老師:「事實上,克卜勒第二定律的發現時間比克卜勒第一定律還要早。注意到行星軌道不是圓的克卜勒,開始尋找同時符合第二定律,以及第谷・布拉赫觀測資料的曲線。一年後,終於發現這是以太陽為焦點的橢圓。」

少女:「居然花了那麼多時間啊……」

老師:「後來克卜勒又發現了一個定律。行星沿著橢圓軌道在太陽周圍繞一圈後,會回到原本的位置。公轉一圈花費的時間叫做公轉週期。克卜勒第三定律,就是在描述公轉週期與橢圓軌道的關係。」

克卜勒第三定律

設行星的公轉週期為 T,橢圓軌道的半長軸為 a。此時,公轉週期的平方 T^2 會與半長軸的三次方 a^3 成正比,對於任何行星而言,比例常數 k 皆相等。也就是說,對於任何行星來說,以下等式皆成立。

$$\frac{T^2}{a^3} = k$$

少女：「$\dfrac{T^2}{a^3}$ 固定！這個定律真的成立嗎！」

老師：「讓我們以地球為基準，看看其他行星的實際值吧！地球的公轉週期為 1 年。地球公轉軌道的半長軸 a 叫做 1 天文單位*5。故可設地球的 $T = 1$、$a = 1$，得 $\dfrac{T^2}{a^3} = 1$。也就是說，選擇這些單位時，會得到 $k = 1$。其他行星的公轉週期及半長軸數值如下表*6。」

行星	公轉週期 T	半長軸 a	$\dfrac{T^2}{a^3}$
水星	0.241	0.387	1.00
金星	0.615	0.723	1.00
地球	1	1	1
火星	1.88	1.52	1.01
木星	11.9	5.20	1.01
土星	29.5	9.55	0.999
天王星	84.0	19.2	0.997
海王星	165	30.1	0.998

少女：「$\dfrac{T^2}{a^3}$ 真的都幾乎等於 1 耶！」

老師：「是啊。第一定律、第二定律、第三定律合稱克卜勒定律。這些可以說是劃時代的定律。」

少女：「畢竟是從觀測資料中計算出來的行星運動嘛。」

老師：「不僅如此。數十年後的牛頓就用克卜勒定律推導出了

*5 原本 1 天文單位的定義為地球公轉軌道的半長軸，不過在 2014 年時，國際單位制（SI）將 1 天文單位的定義改為 $1.49597870700 \times 10^{11}$ m。

*6 本表參考自《改訂版 高等學校 物理II》[12]。

偉大的定律，可以說是科學史上壯大、燦爛的聯手合作。」

少女：「偉大的定律是指什麼？」

老師：「就是萬有引力定律喔。」

少女：「居然！」

老師：「而且讓人高興的是，我們可以從克卜勒定律、牛頓的運動定律，<u>以數學方式推導出萬有引力定律</u>喔！」

牛頓第一運動定律（慣性定律）
質點未受力時，原本靜止的質點會持續保持靜止，原本正在移動的質點會保持等速度直線運動。

牛頓第二運動定律（加速度定律）
對質量為 m 的質點施加大小為 F 的力，設質點的加速度為 A，那麼牛頓的加速度方程式會成立。

$$F = ma$$

另外，力的方向會與加速度一致。

牛頓第三運動定律（作用力與反作用力定律）
質點 A 對質點 B 施力時，質點 A 也會受到來自質點 B 大小相等，方向相反的力。

少女：「只靠這些嗎……」

老師：「運用牛頓加速度方程式與積分，就可以描述質點在已知力作用下的運動，只要照著力→加速度→速度→位置的順序思考就行了。那麼若是把順序反過來呢？如果知道質點的精確運動，就可以算出作用在質點上的力。牛頓算的就是這個。他由克卜勒定律所描述的行星運動，推導出了萬有引力定律。」

少女：「原來『求算的東西』就是這個啊……」

以萬有引力定律描述太陽與行星的關係

設太陽質量為 M、行星質量為 m，並將兩者視為質點。當太陽與行星的距離為 r，太陽與行星間的力的大小為

$$G\frac{Mm}{r^2}$$

老師：「嗯，所以說，必須推導出距離與力的關係。」

少女：「與距離有關的，是克卜勒第三定律中出現的半長軸 a。但是力沒有出現在任何一個定律中啊。」

老師：「力有出現在牛頓的加速度方程式中喔。」

少女：「啊啊，第二運動定律是嗎。加速度與力成正比，所以只要求出加速度就行了對吧？」

老師：「該怎麼從克卜勒定律求出行星的加速度呢？」

少女：「克卜勒定律都沒有提到加速度耶。第二定律的線段乘

上單位時間後可以得到圖形的面積嗎？因為是橢圓，感覺沒那麼容易耶⋯⋯」

老師：「試著把它單純化吧。由克卜勒第一定律可以知道，行星的公轉軌道是橢圓，圓也是橢圓的一種，所以可以先試著思考圓周運動的行星。」

少女：「啊啊！如果行星的軌道是圓，那半長軸 a 就會等於太陽與行星的距離 r 對吧！所以 $r = a = b$！」

老師：「這個行星會進行什麼樣的圓周運動呢？」

少女：「速度固定的圓周運動！如果是圓周運動，由克卜勒第二定律可以知道，它應該會以固定的速度沿著圓周公轉。」

老師：「雖然速率固定，但速度並不固定喔。」

少女：「⋯⋯啊啊，速度還有包括方向耶。如果速度固定，就會是方向保持固定的直線運動。行星軌道是圓的時候，行星運動會是速率固定的圓周運動。」

老師：「沒錯。速度的大小──也就是速率固定的圓周運動，叫做等速率圓周運動。接著就來分析等速率圓周運動吧。運動要如何分析呢？」

少女：「只要知道力的大小，就能照著力→加速度→速度→位置的順序算出來。不過這次是倒過來，照著位置→速度→加速度→力的順序計算。」

老師：「圓周運動的質點位置該如何表示呢？」

少女：「當然是三角函數！

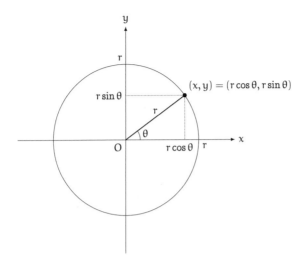

這樣就可以用

$$x = r\cos\theta, \quad y = r\sin\theta$$

來表示質點位置。」

老師：「出現 θ 了呢。」

少女：「θ 是時間 t 的函數，等速率圓周運動的速率固定，所以 θ 可以寫成 t 的一次式如下。

$$\theta = At + \theta_0 \quad 」$$

老師：「為了簡化式子，就設 $\theta_0 = 0$ 吧。這麼一來，t 的係數 A 就可以當成**角速度**，我們通常會用 ω 這個符號來表示角速度。」

少女：「這樣一來，角 θ 就可以表示成這樣。

$$\theta = \omega t$$

啊啊，角θ對時間 t 微分後，會得到 ω

$$\frac{d\theta}{dt} = \omega$$

所以才會有角速度這個名字吧？」

老師：「是啊。設週期為 T，我們就可以用 T 來表示 ω 了。」

少女：「經過週期 T 的時間後，可以繞一圈，角度為 2π，所以

$$\omega = \frac{2\pi}{T}$$

再來是位置的微分。圓周上任一點的位置可以表示成時間 t 的函數，再對時間微分。來對三角函數微分吧！」

◎　◎　◎

來對三角函數微分吧！

設圓周上的點在時間 t 時的座標為 (x, y)，可得到下式：

$$\begin{cases} x = r\cos\omega t \\ y = r\sin\omega t \end{cases}$$

將位置的各分量對時間微分，計算各速度的分量。因為是合成函數的微分，別忘了要乘回 ω……。

$$\begin{cases} v_x = \dfrac{d}{dt}x = \dfrac{d}{dt}r\cos\omega t = -r\omega\sin\omega t \\ v_y = \dfrac{d}{dt}y = \dfrac{d}{dt}r\sin\omega t = r\omega\cos\omega t \end{cases}$$

接著，要將速度的各個分量對時間微分，計算加速度的分量。這樣就多了一個 ω 囉……。

$$\begin{cases} a_x = \dfrac{d}{dt} v_x = -\dfrac{d}{dt} r\omega \sin \omega t = -r\omega^2 \cos \omega t \\[3mm] a_y = \dfrac{d}{dt} v_y = \dfrac{d}{dt} r\omega \cos \omega t = -r\omega^2 \sin \omega t \end{cases}$$

那麼，這樣有得到加速度嗎……？

◎ ◎ ◎

少女：「那麼，這樣有得到加速度嗎……？」

老師：「加速度的方向是？」

少女：「加速度的方向會隨著時間改變，一直轉轉轉，所以很難描述耶……啊，這可以寫成**向量**吧？」

老師：「哦！」

少女：「假設位置向量、速度向量、加速度向量分別是這樣

$$\vec{r} = \begin{pmatrix} x \\ y \end{pmatrix}, \quad \vec{v} = \begin{pmatrix} v_x \\ v_y \end{pmatrix}, \quad \vec{a} = \begin{pmatrix} a_x \\ a_y \end{pmatrix}$$

整理後可以得到

$$\vec{r} = \begin{pmatrix} r \cos \omega t \\ r \sin \omega t \end{pmatrix} = r \begin{pmatrix} \cos \omega t \\ \sin \omega t \end{pmatrix}$$

$$\vec{v} = \begin{pmatrix} -r\omega \sin \omega t \\ r\omega \cos \omega t \end{pmatrix} = r\omega \begin{pmatrix} -\sin \omega t \\ \cos \omega t \end{pmatrix}$$

$$\vec{a} = \begin{pmatrix} -r\omega^2 \cos \omega t \\ -r\omega^2 \sin \omega t \end{pmatrix} = -r\omega^2 \begin{pmatrix} \cos \omega t \\ \sin \omega t \end{pmatrix}$$

比較 $\vec{a}$ 和 $\vec{r}$ 之後可以知道

$$\vec{a} = -\omega^2 \vec{r}$$

這表示加速度向量 $\vec{a}$ 的方向與位置向量 $\vec{r}$ 方向相反。因為 $-\omega^2 < 0$，所以加速度向量的大小如下

$$|\vec{a}| = |-\omega^2 \vec{r}| = \omega^2 r \quad \rfloor$$

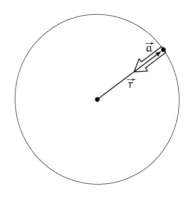

老師：「看來妳已經算出等速率圓周運動的加速度了呢。那麼，速度向量是多少呢？」

少女：「速度向量似乎與圓相切的樣子——也就是與位置向量垂直。可以用**向量內積**確認！」

$$\vec{r} \cdot \vec{v} = \begin{pmatrix} x \\ y \end{pmatrix} \cdot \begin{pmatrix} v_x \\ v_y \end{pmatrix}$$

$$= xv_x + yv_y$$

$$= (r\cos \omega t)(-r\omega \sin \omega t) + (r\sin \omega t)(r\omega \cos \omega t)$$

$$= -r^2 \omega \cos \omega t \sin \omega t + r^2 \omega \sin \omega t \cos \omega t$$

$$= 0$$

因為內積為 0，所以兩者確實垂直。速度向量的大小，也就是速率會等於這樣：

$$|\vec{v}| = \sqrt{v_x^2 + v_y^2}$$

$$= \sqrt{(-r\omega \sin \omega t)^2 + (r\omega \cos \omega t)^2}$$

$$= \sqrt{r^2 \omega^2 \sin^2 \omega t + r^2 \omega^2 \cos^2 \omega t}$$

$$= \sqrt{r^2 \omega^2 (\sin^2 \omega t + \cos^2 \omega t)}$$

$$= \sqrt{r^2 \omega^2}$$

因為 $r\omega > 0$，所以

$$|\vec{v}| = r\omega$$

設速度為 v，可以得到這個等式

$$v = r\omega \quad \lrcorner$$

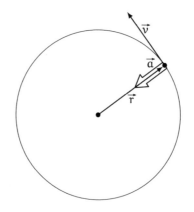

老師：「算出加速度的方向與大小之後，就可以算出力的方向
　　　　與大小了。」

少女：「力的向量的方向與加速度向量相同。而且由剛才的結
　　　　果可以知道，加速度向量的方向與位置向量相反。以行星
　　　　來說，力的方向朝向太陽。所以可以看出，力的方向與萬
　　　　有引力定律相符！」

老師：「再來就剩力的大小囉。」

少女：「設力的大小為 F，可以得到

$$F = m|\vec{a}|$$
$$= mr\omega^2$$
$$= mr\left(\frac{2\pi}{T}\right)^2$$
$$F = \frac{4\pi^2 mr}{T^2}$$

出現 T^2 了！可以用克卜勒第三定律！

$$F = \frac{4\pi^2 mr}{T^2}$$

$$= \frac{4\pi^2 mr}{kr^3} \qquad \text{因為 } T^2 = kr^3$$

$$= \frac{4\pi^2 m}{kr^2}$$

於是可以得到

$$F = \frac{4\pi^2}{k} \cdot \frac{m}{r^2}$$

老師！力的大小真的和距離的平方成反比喔！」

老師：「和距離・的平方・成反比。」

少女：「咦，那太陽的質量 M 在哪裡呢？」

老師：「由第三運動定律——作用力與反作用力定律——可以知道，太陽對行星施力時，行星也會對太陽施加大小相同、方向相反的力。所以說，如果交換太陽與行星的立場就可以知道，既然力的大小與行星質量成正比，那就表示力的大小也與太陽質量成正比。」

少女：「難道說，只要硬加上去就行了嗎？

$$F = \left(\frac{4\pi^2}{k}\right) \cdot \frac{m}{r^2}$$

$$= \left(\frac{4\pi^2}{kM}\right) \cdot \frac{Mm}{r^2}$$

完成了、完成了！像這樣

$$G = \frac{4\pi^2}{kM}$$

定義常數 G，就可以得到

$$F = G\frac{Mm}{r^2}$$

太陽對行星的施力，會與太陽質量 M 及行星質量 m 的乘積成正比，與太陽及行星的距離 r 的平方成反比！」

老師：「原始觀測資料來自行星的位置，而我們用數學推導出來的，則是描述太陽與行星間之作用力的規則。不過，牛頓認為這種力存在於萬物之間。由克卜勒定律與運動定律推導出萬有引力定律後，牛頓試著用萬有引力定律計算出月球軌道是一個橢圓。克卜勒定律是由觀測資料歸納出來的定律，不過我們也可以用牛頓運動方程式推導出克卜勒定律。」

少女：「還真厲害耶……」

老師：「從高處落下的球，會以等加速度運動掉落至地面。拋出的球會在畫出一個拋物線後落至地面。行星繞著太陽轉時會畫出一個橢圓。月球繞著地球轉時也會畫出一個橢圓……這些結果都可以由運動定律推導出來。」

少女：「水平拋出的球之所以會掉下來，是因為速度太慢嗎？」

老師：「是啊。如果速度夠快，就不會掉落至地面，而是會繞著地球轉。月球是如此，人造衛星也是如此。而速度快到一定程度時，就不會繞著地球轉，而是會飛到宇宙遠方。相反的，要是速度太慢，即使是月球也會掉落至地面。」

少女：「就像蘋果會掉下來一樣。」

少女一邊說著，一邊呵呵呵地笑了出來。

命題 1 定理 1

讓木星的衛星……保持在公轉軌道上的力，以木星為中心朝著木星，

與衛星到木星之距離平方成反比。

命題 2 定理 2

讓行星……保持在公轉軌道上的力，以太陽為中心朝著太陽，

與行星到太陽之距離平方成反比。

命題 3 定理 3

讓月球保持在公轉軌道上的力，以地球為中心朝著地球，

與月球到地球之距離平方成反比。

——艾薩克・牛頓[7]

＊ 7 節錄自 Sir Isaac Newton, "The Mathematical Principles of Natural Philosophy Book 3", English translation by Andrew Motte, 1803（作者譯）。

【解答】

A   N   S   W   E   R   S

第 1 章的解答

●問題 1-1（速率）

①汽車以 60 km/h 的速率行駛 2 小時後，會前進多少 km 的距離呢？

②從起點騎機車到 50 km 遠的地方，花了 2 小時。那麼這個機車的速率是多少 km/h 呢？

③ 10 秒可以跑 100 m 的人，是用多少 km/h 的速率在跑呢？

④以 100 km/h 的速率奔馳的列車，要花幾個小時才能跑 40000 km 呢？

⑤以 4 km/h 的速率走路的人，要花幾個小時才能走 40000 km 呢？

注意：速率指的是速度的大小。km/h 是速率的單位，表示 1 小時前進的距離。也就是說，60 km/h 表示時速 60 km，1 小時內可以前進 60 km 的距離。h 是時間的英文「hour」的首字母。

■解答 1-1

計算物理量時，**連單位一起計算**比較不容易出錯。譬如 60 km/h 這個物理量在計算時可以想成這樣

$$60 \, \text{km/h} = \boxed{60} \times \boxed{\frac{\text{km}}{\text{h}}}$$

以下解答中，為了幫助讀者理解含有單位的計算，會寫得比較冗長一些。

①汽車的速率為 60 km/h，行駛時間為 2 h[*1]。因此前進距離為

$$
\begin{aligned}
60 \, \text{km/h} \times 2 \, \text{h} &= 60 \times \frac{\text{km}}{\text{h}} \times 2 \times \text{h} \\
&= 60 \times 2 \times \frac{\text{km}}{\cancel{\text{h}}} \times \cancel{\text{h}} \\
&= 120 \, \text{km}
\end{aligned}
$$

故答案為 120 km。

答：120 km

「速率為 60 km/h」與「1 小時前進 60 km 的距離」意思相同。所以 2 小時會前進 60 km 的 2 倍，也就是 120 km 的距離。這樣想的話，就算不特別寫出式子，也可以立刻回答出 120 km。

---

*1 2h 是 2 小時的意思。

②機車前進的距離是 50 km，花費的時間是 2 h。由以下計算

$$\frac{50 \text{ km}}{2 \text{ h}} = \frac{50}{2} \times \frac{\text{km}}{\text{h}}$$
$$= 25 \text{ km/h}$$

可得到速度為 25 km/h

答：25 km/h

「速度是多少 km/h」與「1 小時前進多少 km」是意思相同的問題。這個機車在 2 小時內前進了 50 km，所以 1 小時可前進 50 km 的一半，也就是 25 km 的距離。這樣想的話，就算不特別寫出式子，也可以立刻回答出 25 km/h。

③這個人前進的距離為 100 m，花費的時間是 10 s [*2]。由以下計算

$$\frac{100 \text{ m}}{10 \text{ s}} = \frac{100}{10} \times \frac{\text{m}}{\text{s}}$$
$$= 10 \text{ m/s}$$

可得到速率為 10 m/s。這裡須將單位從 m/s 換成 km/h，因為

---

*2 10 s 是表示 10 秒，s 是表示英文「second」的首字母。

$$1000\,\text{m} = 1\,\text{km}, \quad 3600\,\text{s} = 1\,\text{h}$$

故須用以下等式換算。

$$\text{m} = \frac{\text{km}}{1000}, \quad \frac{1}{\text{s}} = \frac{3600}{\text{h}}$$

這個人的速度為 10 m/s，由以下計算

$$
\begin{aligned}
10\,\text{m/s} &= 10 \times \frac{\text{m}}{\text{s}} \\
&= 10 \times \text{m} \times \frac{1}{\text{s}} \\
&= 10 \times \frac{\text{km}}{1000} \times \frac{3600}{\text{h}} \\
&= 36 \times \frac{\text{km}}{\text{h}} \\
&= 36\,\text{km/h}
\end{aligned}
$$

可得到他的速率為 36 km/h

答：36 km/h

④以 100 km/h 的速率奔馳的列車，前進 40000 km 的距離時，由以下計算

$$
\begin{aligned}
\frac{40000\,\text{km}}{100\,\text{km/h}} &= 40000 \times \text{km} \times \frac{1}{100 \times \dfrac{\text{km}}{\text{h}}} \\
&= 40000 \times \cancel{\text{km}} \times \frac{\text{h}}{100 \times \cancel{\text{km}}} \\
&= 400\,\text{h}
\end{aligned}
$$

可得知需花費 400 h。

答：400 小時

　　另外，地球周長約為 40000 km，故上述計算結果顯示，以 100 km/h 的速率繞地球一周時，約須花費 400 小時（約 17 天）。

⑤以 4 km/h 的速率行走的人，走 40000 km 的距離時，由以下計算

$$\frac{40000\,km}{4\,km/h} = 40000 \times km \times \frac{1}{4 \times \dfrac{km}{h}}$$

$$= 40000 \times \cancel{km} \times \frac{h}{4 \times \cancel{km}}$$

$$= 10000\,h$$

可得知須花費 10000 h。

答：10000 小時

　　另外，地球周長約為 40000 km，故上述計算結果顯示，以 4 km/h 的速率步行繞地球一周時，約須花費 10000 小時（約 1 年 52 天）。

●問題 1-2（方程式與作圖）

一點 P 在數線上移動。設時間 t 時的位置為 x，且 t 與 x 滿足以下關係式。

$$x = 2t + 1$$

試作圖描繪 P 在 $0 \leq t \leq 10$ 範圍內，各時間 t 所對應的位置 x，並求出以下數值。

①時間 $t = 0$ 時，點 P 位置 x 是多少？

②時間 $t = 7$ 時，點 P 位置 x 是多少？

③點 P 位置 $x = 11$ 時，時間 t 是多少？

④時間 0 到 3 期間內，點 P 的平均速度為何？

⑤時間 4 到 9 期間內，點 P 的平均速度為何？

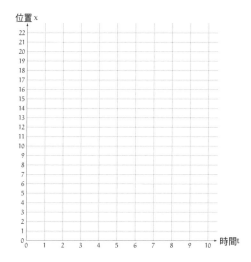

■解答 1-2

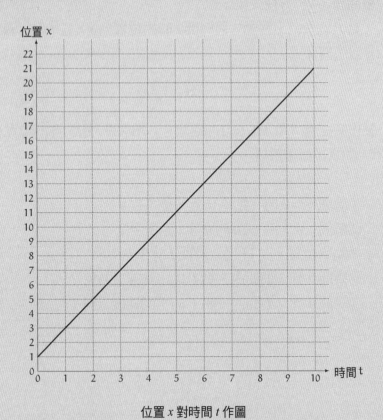

位置 x 對時間 t 作圖

① t 與 x 之間存在 $x = 2t + 1$ 的關係，以 $t = 0$ 代入，便可求出 x 的數值。

$$x = 2t + 1$$
$$= 2 \times 0 + 1$$
$$= 1$$

答：$x = 1$

② t 與 x 之間存在 $x = 2t + 1$ 的關係，以 $t = 7$ 代入，便可求出 x 的數值。

$$x = 2t + 1$$
$$= 2 \times 7 + 1$$
$$= 15$$

答：$x = 15$

③ t 與 x 之間存在 $x = 2t + 1$ 的關係，以 $x = 11$ 代入，便可求出 t 的數值。

$$x = 2t + 1$$
$$11 = 2t + 1$$
$$11 - 1 = 2t$$
$$10 = 2t$$
$$2t = 10$$
$$t = 5$$

答：$t = 5$

④速度可由「位置變化」除以「花費時間」求得。時間 $t = 0$ 時 $x = 1$，$t = 3$ 時 $x = 7$，代入公式如下。

$$「速度」= \frac{「位置變化」}{「花費時間」}$$

$$= \frac{7-1}{3-0}$$

$$= \frac{6}{3}$$

$$= 2$$

答：2

⑤速度可由「位置變化」除以「花費時間」求得。時間 $t = 4$ 時 $x = 9$，$t = 9$ 時 $x = 19$，代入公式如下。

$$「速度」= \frac{「位置變化」}{「花費時間」}$$

$$= \frac{19-9}{9-4}$$

$$= \frac{10}{5}$$

$$= 2$$

答：2

補充

④與⑤求出的「速度」都是 2。當時間 t_1、t_2 滿足 $t_1 \neq t_2$，點 P 在時間 t_1 到 t_2 間的速度恆為 2。因為以下算式成立。

$$\text{「速度」} = \frac{\text{「位置變化」}}{\text{「花費時間」}}$$

$$= \frac{(2t_2 + 1) - (2t_1 + 1)}{t_2 - t_1}$$

$$= \frac{2t_2 - 2t_1}{t_2 - t_1}$$

$$= \frac{2(t_2 - t_1)}{t_2 - t_1}$$

$$= 2$$

另外，觀察時間 t 與位置 x 的關係式 $x = 2t + 1$ 可以知道，時間 t 的係數為 2，正好是這個點 P 的「速度」。

●問題 1-3（球的運動）

拍攝球被水平丟出後的運動軌跡，用影片記錄球在每個時間點的位置，結果整理如下。t 是時間，以被丟出的瞬間為 0；x 是水平方向的位移，以被丟出的位置為 0；y 是垂直方向，往下的位移，以被丟出的位置為 0。

t [1/30 s]	x [cm]	y [cm]
0	0	0
1	14	0
2	27	2
3	40	5
4	52	9
5	65	14
6	77	21
7	88	28
8	99	37
9	110	46
10	121	58
11	131	69

請作圖分別畫出各時間點的球在水平方向與垂直方向的位置。

■解答 1-3

水平方向

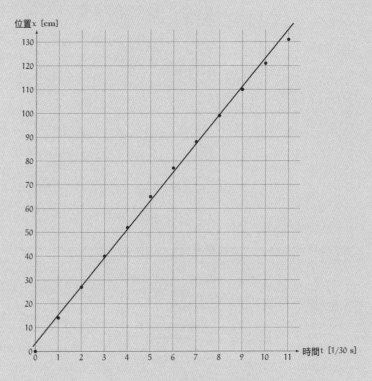

球的位置（水平方向的移動距離）

設時間 t 為橫軸，位置 x 為縱軸，將表中數值一一點在座標圖中，再畫出盡可能接近各點的直線。之所以要畫出直線，是因為我們設定了「時間 t 與位置 x 符合關係式 $x = At + B$」這個前提（A、B 為常數）。

　　另外，在座標圖中將實驗獲得的數值畫成線時，原則上不會直接連接點與點，而是會用平滑的線條與各點擦身而過[*3]。

垂直方向

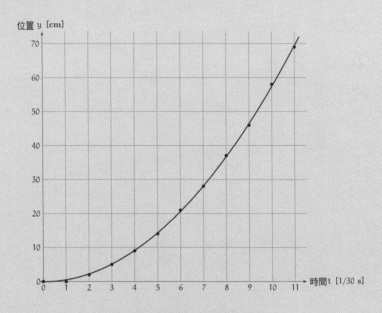

球的位置（垂直方向的落下距離）

　　設時間 t 為橫軸，位置 y 為縱軸，將表中數值一一點在座標圖中，再畫出盡可能接近各點的拋物線。之所以要畫出拋物線，是因為我們設定了「時間 t 與位置 y 符合關係式 $y = At^2 + Bt + C$」這個前提（A、B、C 為常數）。

[*3]為了畫出盡可能接近各點的擬合線，會使用名為最小平方法的方法。

　　另外，如果設橫軸為 t^2，可畫出以下這條幾乎通過原點的直線，故可推測出落下距離 y 應可用 $y = At^2$ 這個關係式表示（ A 為常數）。

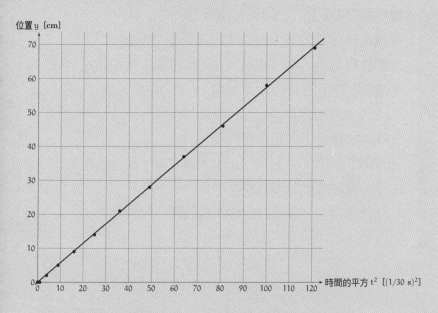

以 t^2 為橫軸時，球的位置（垂直方向的落下距離）

第 2 章的解答

●問題 2-1（力、加速度、速度）

從地面將球斜斜往上丟。假設不考慮空氣阻力，以下①～
⑤關於飛行中的球的描述，有哪些正確、哪些錯誤？

①施加在球上的力有兩個，包括「來自地球的重力」與「丟
球時手施加的力」。

②球的加速度方向為垂直向下。

③球的加速度大小在飛行途中不會改變，保持固定。

④球的速度方向為垂直向下。

⑤球的速度大小在飛行途中不會改變，保持固定。

■解答 2-1

①「施加在球上的力有兩個，包括『來自地球的重力』與『丟球時手施加的力』」這樣的描述是**錯的**。在球的飛行途中，施加在球上的力只有「來自地球的重力」一個而已，「丟球時手施加的力」不存在。

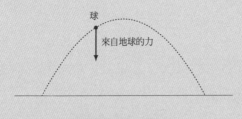

球在飛行時受到的力

①可幫助我們確認球在飛行時受到哪些力。

②「球的加速度方向為垂直向下」這樣的描述是**正確**的。球受到的力僅有「來自地球的重力」，而重力的方向是垂直向下。由加速度定律可以知道，加速度的方向與力的方向一致，故球的加速度方向與力的方向同為垂直向下。

③「球的加速度大小在飛行途中不會改變，保持固定」這樣的描述是**正確**的。施加在球上的力只有「來自地球的重力」而已，這個力的大小固定。由加速度定律可以知道，加速度的大小與力的大小成正比。如果力的大小固定，加速度的大小也會固定。

球在飛行時的加速度

②與③可幫助我們確認「已知力的情況下，加速度的方向與大小會如何改變」。

④「球的速度方向為垂直向下」這樣的描述是**錯誤**的。將球往斜上方拋出後，球的速度含有水平方向的分量。因此球的速度方向並非垂直向下。球在水平方向是等速度運動，垂直方向是等加速度運動，所以球的速度與方向會隨時間持續改變。如果不是將球往斜上方拋出，而是從高處垂直下落時，球的速度方向就會一直是垂直向下。

⑤「球的速度大小在飛行途中不會改變，保持固定」這樣的描述是**錯誤**的。球在水平方向是等速度運動，在垂直方向是等加速度運動（加速度為垂直向下）。因此，將速度分成水平方向分量與垂直方向分量後可以知道，水平方向分量固定，垂直方向分量會持續增加。因此，這兩個分量合成後的速度大小會持續改變。

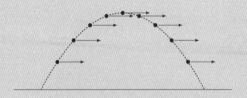

球在飛行時的速度（水平方向分量）

球在飛行時的速度（垂直方向分量）

球在飛行時的速度

④與⑤可幫助我們確認「已知加速度的情況下，速度的方向與大小會如何改變」。

●問題 2-2（各式各樣的力）

試以「誰對誰，施加了哪個方向的力」的形式，回答①～⑤的題目。在①、②題中，請一併回答力的大小。

①放在桌子上的書，受到來自地球、垂直往下的重力，書卻不會垂直往下移動，為什麼呢？

②以細線垂吊的重物，受到來自地球、垂直往下的重力，重物卻不會垂直往下移動，為什麼呢？

③以磁石靠近放在桌上的鐵釘時，鐵釘會開始移動，被磁石吸過去，為什麼會這樣呢？

④將墊板靠近頭髮時，頭髮會被吸引而站起來，為什麼會這樣呢？

⑤指南針會自行擺動，使N極朝向北邊，為什麼會這樣呢？

■解答 2-2

①放在桌子上的書，受到來自地球、垂直往下的重力，書卻不會垂直往下移動。這是因為「桌子對書施加了垂直往上，與重力大小相同的力」。

桌子對書施加的力叫做**正向力**。之所以有正向力這個名字，是因為正向力的方向與桌子表面垂直。這本書受到兩種力的作用。

　　。來自地球，垂直向下的重力。

　　。來自桌子，垂直向上的正向力。

這兩種力的大小相同、方向相反，所以能夠達成平衡。桌上的這本書只受到這兩種力的作用，而這兩種力的合力為 0。由牛頓的運動方程式可以知道，書的加速度為 0，速度不會有任何變化。因此這本書會持續保持著速度為 0 的狀態（靜止狀態）。

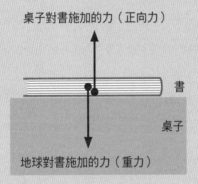

桌子對書施加的力（正向力）

書

桌子

地球對書施加的力（重力）

　　兩個力實際上在同一直線上（通過同一點），不過為了方便說明，故上圖稍微錯開了一些。

②以細線垂吊的重物，受到來自地球、垂直往下的重力，重物卻不會垂直往下移動。這是因為「細線對重物施加了垂直往上，與重力大小相同的力」。

細線對重物施加的力，叫做細線的**張力**。這個重物受到兩種力的作用。

　。來自地球，垂直向下的重力。

　。來自細線，垂直向上的張力。

這兩種力的大小相同、方向相反，所以能夠達成平衡。以細線垂吊的重物只受到這兩種力的作用，且合力為 0。由牛頓的運動方程式可以知道，重物的加速度為 0，速度不會有任何變化。因此重物會持續保持著靜止狀態。

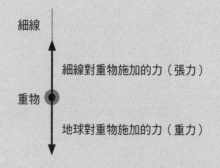

細線

細線對重物施加的力（張力）

重物

地球對重物施加的力（重力）

③以磁石靠近放在桌上的鐵釘時，鐵釘會開始移動，被磁石吸過去。這是因為「磁石對鐵釘施加了吸引力」。

---

③中，磁石對鐵釘施加的力叫做**磁力**。即使兩物體沒有直接接觸，磁力也能發揮作用。

---

④將墊板靠近頭髮時，頭髮會被吸引而站起來。這是因為「墊板對頭髮施加了吸引力」。

以墊板摩擦頭髮後，墊板會帶有相對較多的負電荷，頭髮會帶有相對較多的正電荷。正負相異的電荷之間會產生吸引力，正負相同的電荷之間會產生排斥力。這種力叫做**靜電力**。即使兩物體沒有直接接觸，靜電力也能發揮作用。

---

⑤指南針會自行擺動，使 N 極朝向北邊。這是因為「地球對指南針施加了『使 N 極朝向北邊』的力」。地球是一個巨大的磁石，所以指南針的擺動會受到磁力的影響。

●問題 2-3（力的單位）

力的大小與加速度的大小成正比。使質量為 1 kg 的質點產生 1 m/s^2 之加速度的力的大小，定義為

$$\overset{\text{牛頓}}{1 \ N}$$

以國際單位制（SI 制）表示 1 N 時，可寫成

$$1\,N = 1\,kg \cdot m/s^2$$

試回答以下問題。

①地球上，質量 50 kg 的人，受到的重力大小 F 是多少 N？

②地球上，質量 200 g 的蘋果，受到的重力大小 F 是多少 N？

③地球上，受 1 N 重力的物體，質量是多少 g（請將小數第一位四捨五入）？

其中，設重力加速度為 $g = 9.8$ m/s^2。

■解答 2-3

計算物理量時，連單位一起計算比較不容易出錯。

①設 $m = 50$ kg，地球上質量為 m 的人，受到的重力大小可由 $F = mg$ 求得。

$$F = mg$$
$$= (50\,\text{kg}) \times (9.8\,\text{m/s}^2)$$
$$= 50 \times \text{kg} \times 9.8 \times \frac{\text{m}}{\text{s}^2}$$
$$= 50 \times 9.8 \times \frac{\text{kg} \cdot \text{m}}{\text{s}^2}$$
$$= 490\,\text{kg} \cdot \text{m/s}^2$$
$$= 490\,\text{N}$$

故 $F = 490$ N。

答：$F = 490$ N

②設 $m = 200$ g $= 0.2$ kg。地球上質量為 m 的蘋果，受到的重力大小可由 $F = mg$ 求得。

$$F = mg$$
$$= (0.2\,\text{kg}) \times (9.8\,\text{m/s}^2)$$
$$= 0.2 \times \text{kg} \times 9.8 \times \frac{\text{m}}{\text{s}^2}$$
$$= 0.2 \times 9.8 \times \frac{\text{kg} \cdot \text{m}}{\text{s}^2}$$
$$= 1.96\,\text{kg} \cdot \text{m/s}^2$$
$$= 1.96\,\text{N}$$

故 $F = 1.96\,\text{N}$。

答：$F = 1.96\,\text{N}$

作用在物體上的重力大小，稱做「重量」。①求的是這個人的「重量」，②求的是這個蘋果的「重量」。

③設 $F = 1\,\text{N}$，本題求的是在地球上所受重力為 N 的物體，質量是多少。因為 $F = mg$，所以 $m = \dfrac{F}{g}$

$$m = \frac{F}{g}$$

$$= \frac{1\,\text{N}}{9.8\,\text{m/s}^2}$$

$$= \frac{1}{9.8} \times \text{N} \times \frac{\text{s}^2}{\text{m}}$$

$$= \frac{1}{9.8} \times \left(\text{kg} \times \frac{\cancel{\text{m}}}{\cancel{\text{s}^2}}\right) \times \frac{\cancel{\text{s}^2}}{\cancel{\text{m}}}$$

$$= \frac{1}{9.8} \times 1000 \times \text{g} \qquad 1\,\text{kg} = 1000$$

$$= 102.0\,\text{g} \qquad （四捨五入）$$

故所求質量為 102 g。

答：102 g

所以，如果在地球上拿著質量為 102 g 的物體，那麼這個物體對手的施力大小會是 1 N。考慮到這點，應該可以想像得到 1 N 的力有多大了吧。

●問題 2-4（一般化）

於時間 $t = 0$ 時，從原點以 (u, v) 的速度丟出球。設時間 t 時，球的位置 (x, y) 可表示如下：

$$\begin{cases} x = ut \\ y = -\frac{1}{2}gt^2 + vt \end{cases}$$

其中 u 為速度的 x 分量，v 為速度的 y 分量，g 為重力加速度，設 $t \geq 0$（由 p.98）。

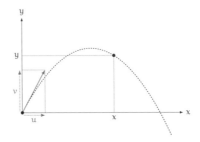

如果於時間 $t = t_0$ 時，從位置 (x_0, y_0) 以 (u, v) 的速度丟出球，那麼球在時間 t 的位置 (x, y) 該如何表示？設 $t \geq t_0$。

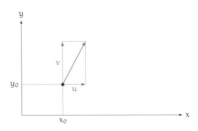

■解答 2-4

想像將座標軸平移 (x_0, y_0)。

由給定條件可以知道，

在滿足 $t = t_0$ 這個條件的 t，

從滿足 $x = x_0$、$y = y_0$ 的位置 (x, y) 丟出球

這就和

在滿足 $t - t_0 = 0$ 的時間 t，

從滿足 $x - x_0 = 0$、$y - y_0 = 0$ 的位置 (x, y) 丟出球

一樣。這裡我們設變數 T、X、Y 如下：

$$\begin{cases} T = t - t_0 \\ X = x - x_0 \\ Y = y - y_0 \end{cases}$$

設時間為 T、位置在 XY 平面上移動，那麼給定條件可轉換成

在滿足 $T = 0$ 的時間 T，

從 $X = 0$、$Y = 0$ 的位置 (X, Y) 丟出球

故以下等式成立。

$$\begin{cases} X = uT \\ Y = -\frac{1}{2}gT^2 + vT \end{cases}$$

T、X、Y 分別轉換成 $t - t_0$、$x - x_0$、$y - y_0$ 後會變成

$$\begin{cases} x - x_0 = u(t - t_0) \\ y - y_0 = -\frac{1}{2}g(t - t_0)^2 + v(t - t_0) \end{cases}$$

故可得到

$$\begin{cases} x = u(t - t_0) + x_0 \\ y = -\frac{1}{2}g(t - t_0)^2 + v(t - t_0) + y_0 \end{cases}$$

$$答：\begin{cases} x = u(t - t_0) + x_0 \\ y = -\frac{1}{2}g(t - t_0)^2 + v(t - t_0) + y_0 \end{cases}$$

補充

本題的解題概念，是將 xy 平面的座標軸平移 (x_0, y_0) 到 XY 平面，將時間 t 平移 t_0 到時間 T。

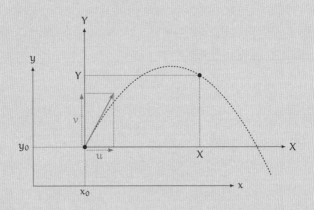

其中，(x, y) 與 (X, Y) 的關係非常容易搞錯，須特別注意。

$$(X, Y) = (x - x_0, y - y_0) \qquad （正確）$$
$$(X, Y) = (x + x_0, y + y_0) \qquad （錯誤）$$

想像當 $(x, y) = (x_0, y_0)$ 時，$(X, Y) = (0, 0)$，就可以知道 $(X, Y) = (x - x_0, y - y_0)$ 才正確。

●問題 2-5（由丟球結果得知的事）

於時間 $t = 0$ 時，從原點以速度 (u, v) 的速度丟出球，那麼時間為 t 時，球的位置 (x, y) 可表示如下（由 p.98）：

$$\begin{cases} x = ut \\ y = -\frac{1}{2}gt^2 + vt \end{cases}$$

其中，u 為速度的 x 分量，v 為速度的 y 分量，g 為重力加速度，設 $t \geq 0$。

試回答以下問題。

①將球以初速 100 km/h 垂直往上丟出。丟出後 3 秒，球比初始位置還要高多少 m（請將小數第一位四捨五入）？

②從懸崖上往海的方向，將球以初速 100 km/h 水平丟出，球在丟出後 3 秒落入海面。請問這個懸崖比海面高多少 m（請將小數第一位四捨五入）？

設重力加速度為 $g = 9.8 \text{ m/s}^2$。

■解答 2-5

①因為是垂直往上拋，故可設初速的 y 分量為 $v = 100\,km/h$，再求出時間 $t = 3s$ 時，球所在的高度 y。計算時須以 $1\,h = 3600\,s$ 以及 $1\,km = 1000\,m$ 的比例換算。

$$y = -\frac{1}{2}gt^2 + vt$$

$$= -\frac{1}{2} \times \left(9.8 \times \frac{m}{s^2}\right) \times (3\,s)^2 + \left(100 \times \frac{km}{h}\right) \times (3\,s)$$

$$= -\frac{1}{2} \times \left(9.8 \times \frac{m}{s^2}\right) \times (3\,s)^2 + \left(\frac{1000}{36} \times \frac{m}{s}\right) \times (3\,s)$$

$$= \left(-\frac{1}{2} \times 9.8 \times 9\right) \times \left(\frac{m}{s^2} \times s^2\right) + \left(\frac{1000}{36} \times 3\right) \times \left(\frac{m}{s} \times s\right)$$

$$= \left(-\frac{9.8 \times 9}{2} + \frac{1000 \times 3}{36}\right) \times m$$

$$= 39.2\,m \quad （四捨五入）$$

故球在 3 秒後的高度為 39 m。

答：39 m

②因為是水平方向丟出球，故初速的 y 分量為 $v = 0\,m/s$。3 秒後落入海面，故懸崖的高度就是 $t = 3\,s$ 時的 $-y$。

$$-y = \frac{1}{2}gt^2 - vt$$
$$= \frac{1}{2} \times (9.8\,\text{m/s}^2) \times (3\,\text{s})^2$$
$$= \frac{1}{2} \times 9.8 \times \frac{\text{m}}{\text{s}^2} \times 9 \times \text{s}^2$$
$$= \frac{1 \times 9.8 \times 9}{2} \times \text{m}$$
$$= 44.\cancel{1}\,\text{m} \quad (\text{四捨五入})$$

故懸崖的高度為 44 m。

答：<u>44 m</u>

②中求算懸崖高度時，不須用到初速 x 分量大小（100 km/h）這個條件。

●問題 2-6（從多高的地方丟球）

從高度為 H 的起點將球水平丟出，球落地時，與起點的水平距離為 L。如果改變起點的高度，不改變初速，那麼要從多高的地方丟出，才能使球落地時，與起點的水平距離為 $2L$？請用 H 表示這個高度。

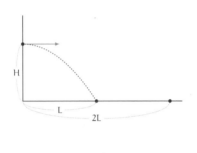

■解答 2-6

球的軌跡是以拋出地點為頂點的拋物線。水平距離變為 2 倍時，落下距離會變成 $2^2 = 4$ 倍，故所求高度為 $4H$。以這種思路解題，很快就能得到答案，不過以下仍列出數學式計算。

　　設拋出球的位置為原點，拋出方向為 x 軸的正向，垂直往下為 y 軸的正向。

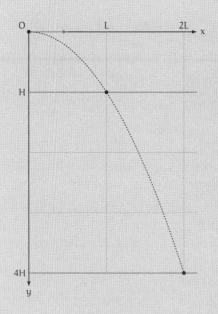

　　設初速大小為 v_0，因為是水平拋出，故初速的 x 分量為 v_0、y 分量為 0。因此，球在時間 t 的位置 (x,y) 可分別寫成以下式子。

$$\begin{cases} x = v_0 t & \cdots\cdots \text{①} \\ y = \frac{1}{2}gt^2 & \cdots\cdots \text{②} \end{cases}$$

消去 t 後，就可以求出 x 與 y 的關係式。由①可以得到 $t = \dfrac{x}{v_0}$，代入②後可以得到

$$y = \frac{g}{2v_0^2}x^2$$

為了簡化式子，可設 $A = \dfrac{g}{2v_0^2}$，得到以下軌跡方程式。

$$y = Ax^2 \qquad \cdots\cdots \heartsuit$$

　　由題目給定的條件可以知道，$y = H$ 時，$x = L$。故由 $\heartsuit$ 可以得到以下式子。

$$H = AL^2$$

$\heartsuit$ 中的 $x = 2L$ 時，y 會等於所求的高，故可得到

$$
\begin{aligned}
y &= Ax^2 \\
&= A(2L)^2 \\
&= 4AL^2 \\
&= 4H
\end{aligned}
$$

因此，所求的高為 $4H$。

答：$4H$

第 3 章的解答

●問題 3-1（萬有引力定律）

有一個火箭，與某星體中心的距離為 r。若希望星體與火箭間的萬有引力縮小到現在的 $\dfrac{1}{2}$，那麼火箭應該要移動到距離該星體中心多遠的地方才行？

■解答 3-1

　　萬有引力的大小與距離平方成反比，故當距離變為 $\sqrt{2}$ 倍，萬有引力的大小會變成原本的 $\dfrac{1}{(\sqrt{2})^2}=\dfrac{1}{2}$ 倍。因此，所求距離為 $\sqrt{2}\,r$。

答：$\sqrt{2}\,r$

●問題 3-2（萬有引力的大小）

有兩個站著的人彼此距離 2 m。兩人質量皆為 50 kg。試求出此時作用在一人與另一人之間的萬有引力大小是多少 N。其中，設萬有引力常數 G 為 6.67×10^{-11} N・m^2/kg^2。請將結果寫成有效數字 2 位的科學記數，如 9.9×10^n N。

■解答 3-2

設兩人的距離為 r，人的質量為 M。由萬有引力定律，可求出力的大小 F。

$$F = G\frac{MM}{r^2}$$

$$= (6.67 \times 10^{-11} \, N \cdot m^2/kg^2) \times \frac{50 \, kg \times 50 \, kg}{(2 \, m)^2}$$

$$= \left(\frac{6.67 \times 10^{-11} \times 50 \times 50}{2^2}\right) \times \left(\frac{N \times m^2 \times kg \times kg}{kg^2 \times m^2}\right)$$

$$= 4.\underset{2}{1}6 \times 10^{-8} \, N \quad （四捨五入）$$

故所求的力的大小為 4.2×10^{-8} N [*4]。

答：4.2×10^{-8} N

[*4] 1N 等於在地球上用手拿著質量約 102 g 的物體時，手感受到的力（p.305），故可看出 4.2×10^{-8} N 是非常小的力。

第 4 章的解答

●問題 4-1（力學能守恆定律）

從高處將球丟出，球會往地面落下。不管朝哪個方向丟球，只要初速大小相同，落到地面時的球速大小也會一樣。請用力學能守恆定律證明這件事。假設球被丟出後僅受到重力作用。

■解答 4-1

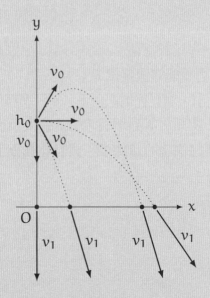

從高度 h_0 的地方，朝各個方向丟出初速 v_0 的球時的樣子

設球的質量為 m。

設初速大小為 v_0、地面高度為 0、將球從高度 h_0 的地方丟出，那麼球被丟出後，力學能 E_0 如下。

$$E_0 = \tfrac{1}{2}mv_0^2 + mgh_0$$

h_0 與 v_0 的數值固定，故 E_0 數值不受丟球方向的影響，為固定值。

設球抵達地面時，速度大小為 v_1，此時的高度為 0，故球在抵達地面時的力學能 E_1 如下

$$E_1 = \frac{1}{2}mv_1^2$$

由力學能守恆定律可以知道 $E_1 = E_0$ 成立，故可得到

$$\frac{1}{2}mv_1^2 = E_0$$

因為 $v_1 \geqq 0$，故可得到

$$v_1 = \sqrt{\frac{2E_0}{m}}$$

因為 E_0 為固定值，故 v_1 也固定。

（證明結束）

補充

不管朝哪個方向拋出，球落地的時候，速度的大小都一樣，不過速度的方向並不固定。

●問題 4-2（力學能守恆定律的證明）

在時間 $t = 0$ 時，從高度為 h_0 的地方將球丟出。設初速大小為 v_0，初速與地面的的角度為 θ，球被丟出後僅受到重力作用。試計算時間 $t \geqq 0$ 時的力學能，並證明力學能守恆定律成立。

■解答 4-2

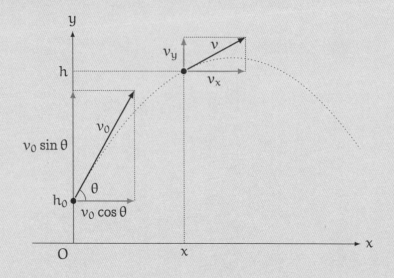

時間 $t = 0$ 時,力學能 E_0 如下。

$$E_0 = \tfrac{1}{2}mv_0^2 + mgh_0$$

初速大小為 v_0,初速的 x 分量與 y 分量分別是 $v_0 \cos\theta$ 與 $v_0 \sin\theta$。

這顆球的運動有以下特性

- 水平方向(x 方向)為等速度運動
- 垂直方向(y 方向)為等加速度運動

設時間 t 時,速度的 x 分量與 y 分量分別為 v_x、v_y,則以下等式成立。

$$
\begin{cases}
v_x = \overbrace{v_0 \cos \theta}^{x\,\text{方向的初速}} \\
v_y = -gt + \underbrace{v_0 \sin \theta}_{y\,\text{方向的初速}}
\end{cases}
$$

由此可計算出球在時間 t 時的動能 K。

$$
\begin{aligned}
K &= \tfrac{1}{2}mv^2 \\
&= \tfrac{1}{2}m\left(\sqrt{v_x^2 + v_y^2}\right)^2 \\
&= \tfrac{1}{2}m(v_x^2 + v_y^2) \\
&= \tfrac{1}{2}m((v_0 \cos \theta)^2 + (-gt + v_0 \sin \theta)^2) \\
&= \tfrac{1}{2}m(v_0^2 \cos^2 \theta + g^2 t^2 - 2gv_0 t \sin \theta + v_0^2 \sin^2 \theta) \\
&= \tfrac{1}{2}mv_0^2 \cos^2 \theta + \tfrac{1}{2}mg^2 t^2 - mgv_0 t \sin \theta + \tfrac{1}{2}mv_0^2 \sin^2 \theta \\
&= \tfrac{1}{2}mv_0^2(\cos^2 \theta + \sin^2 \theta) + \tfrac{1}{2}mg^2 t^2 - mgv_0 t \sin \theta
\end{aligned}
$$

$\cos^2 \theta + \sin^2 \theta = 1$ より

$$
= \tfrac{1}{2}mv_0^2 + \tfrac{1}{2}mg^2 t^2 - mgv_0 t \sin \theta
$$

另一方面，設球在時間 t 時的位置為 (x, h)，則以下式子成立。

$$
\begin{cases}
x = v_x t = (v_0 \cos \theta)t \\
h = -\tfrac{1}{2}gt^2 + (v_0 \sin \theta)t + h_0
\end{cases}
$$

由此可計算出球在時間 t 時的位能 U。

$$U = mgh$$
$$= mg(-\tfrac{1}{2}gt^2 + (v_0 \sin\theta)t + h_0)$$
$$= \underwave{-\tfrac{1}{2}mg^2t^2} + \underwave{mgv_0t\sin\theta} + mgh_0$$

所以，球在時間 t 時的力學能 E 的數值中，受時間 t 影響的 K 與 U 的底線部分會彼此抵消，如下所示。

$$E = K + U$$
$$= \tfrac{1}{2}mv_0^2 + \tfrac{1}{2}mg^2t^2 - mgv_0t\sin\theta$$
$$\qquad -\tfrac{1}{2}mg^2t^2 + mgv_0t\sin\theta + mgh_0$$
$$= \tfrac{1}{2}mv_0^2 + mgh_0$$
$$= E_0$$

因此，時間為 t 時的力學能 E，會等於時間為 0 時的力學能 E_0，力學能守恆定律成立。

（證明結束）

●問題 4-3（合成函數的微分）

假設某個物理量 y 是時間 t 的函數，可表示如下。

$$y = \sin \omega t$$

這裡的 ω 是不受時間影響的常數。試以 t 的函數表示 y 對 t 微分後得到的導函數

$$\frac{dy}{dt}$$

■解答 4-3

令 $v = \omega t$，對合成函數微分[*5] 如下。

$$
\begin{aligned}
\frac{dy}{dt} &= \frac{dy}{dv} \cdot \frac{dv}{dt} \\
&= \left(\frac{d}{dv} \sin v \right) \cdot \left(\frac{d}{dt} \omega t \right) \\
&= (\cos v) \cdot (\omega) \\
&= \omega \cos v \\
&= \omega \cos \omega t
\end{aligned}
$$

答：　$\dfrac{dy}{dt} = \omega \cos \omega t$

[*5]請參考 p.175。

第 5 章的解答

●問題 5-1（重力位能與功）

質量 m 的質點位於高度 h 時，重力位能可寫成 $U(h)$。設 $U(0) = 0$，重力加速度為 h。請回答蒂蒂的疑問。

蒂蒂：「$U(h) = mgh$ 成立。假設位於高度 h 的質點掉落到高度 0，就表示重力讓質點移動了 h 的距離。此時重力對質點作的功為 mgh，質點原本擁有的重力位能等於 $U(h)$。不過，當質點沿著斜面滑下來，質點移動的距離 s 比 h 大對吧？這不就表示，重力對質點作的功比原本擁有的重力位能 $U(h)$ 還要大嗎！這個想法哪裡不對？」

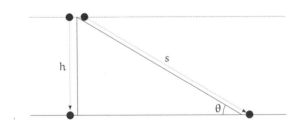

■解答 5-1

蒂蒂：「計算功時，不考慮重力方向」這點是錯的。

以下將說明，為什麼質點從斜面滑下來時，重力對質點作的功，會等於質點原本的重力位能 $U(h)$。

重力對質點施加垂直往下的力，質點卻是沿著斜面方向滑下來。

因為重力的方向與質點的移動方向不同，所以計算重力對質點作的功時，須考慮重力方向。

設地球對質點施加的重力大小為 F。$F = mg$。

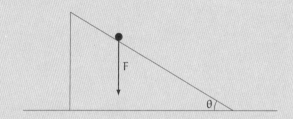

重力可分解成「方向與斜面平行的分量 F_0」與「方向與斜面垂直的分量 F_1」。

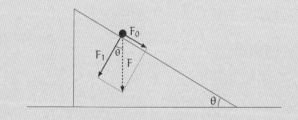

故以下等式成立

$$\begin{cases} F_0 = F\sin\theta \\ F_1 = F\cos\theta \end{cases}$$

高 h 與斜面長度 s 有 $h = s \cdot \sin\theta$ 的關係,故以下等式成立。

$$s = \frac{h}{\sin\theta}$$

因此,質點沿著斜面滑落時,重力對質點作的功如下。

$$F_0\,s = (mg\,\underbrace{\sin\theta}) \cdot \frac{h}{\underbrace{\sin\theta}} = mgh$$

等於質點高度為 h 時的位能 $U(h)$。

　　沿著斜面滑落時,距離確實變成了 $\frac{1}{\sin\theta}$ 倍,不過對作功有貢獻的重力分量變成了 $\sin\theta$ 倍,故功的大小不變。

補充

　　沿著斜面滑落的質點會受到以下兩個力的作用。

- 來自地球的重力 F
- 來自斜面的正向力 F_2

這裡的正向力 F_2,與垂直於斜面的重力分量 F_1 大小相同,方向相反。

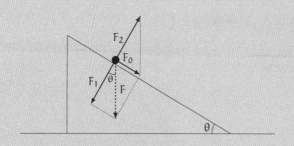

F_2 為斜面對質點施加的正向力

　　力 F_1 與 F_2 達成平衡，故 F_1 與 F_2 的合力為 0，使質點不會跳離斜面或者陷入斜面底下。

　　另外，力 F_1 與 F_2 的作用方向，皆與滑動方向垂直，故這些力對質點作的功為 0。

●問題 5-2（功的能量單位）

對質點施加 1 N 的力，使質點沿著力的方向移動 1 m，此時作的功定為：

$$\overset{\text{焦耳}}{1 \ \text{J}}$$

這也是能量的單位。如果將 1 J 改用國際單位制（SI制）表示，會是：

$$1 \ \text{J} = 1 \ \text{kg} \cdot \text{m}^2/\text{s}^2$$

請回答以下問題。

　①質量 $m = 100 \ \text{g}$ 的球以 $v = 100 \ \text{km/h}$ 的速度飛行時，動能是多少 J？（答案請四捨五入到個位數）

　②在地球上，要將質量 50 kg 的物體抬高到 10 m 時，須要作多少 J 的功？設重力加速度為 $g = 9.8 \ \text{m/s}^2$。

■解答 5-2

計算物理量時，連單位一起計算比較不容易出錯。

①質量 $m = 100$ g 的球以 $v = 100$ km/h 的速度飛行時，動能可由公式 $\frac{1}{2}mv^2$ 求出。換算單位時，須要用到以下關係。

- $1 \text{ kg} = 1000 \text{ g}$
- $1 \text{ km} = 1000 \text{ m}$
- $1 \text{ h} = 3600 \text{ s}$

$$\frac{1}{2}mv^2 = \frac{1}{2} \times (100 \text{ g}) \times (100 \text{ km/h})^2$$

$$= \frac{1}{2} \times \left(100 \times \cancel{g} \times \frac{kg}{1000 \cancel{g}}\right) \times \left(100 \times \frac{\cancel{km}}{\cancel{h}} \times \frac{1000 \text{ m}}{\cancel{km}} \times \frac{\cancel{h}}{3600 \text{ s}}\right)^2$$

$$= \frac{1 \times 100 \times 100^2 \times 1000^2}{2 \times 1000 \times 3600^2} \times \frac{kg \times m^2}{s^2}$$

$$= 38.5 \text{ kg} \cdot m^2/s^2 \quad （四捨五入）$$

故為 39 J。

答： 39 J

②設物體的質量為 $m = 50$ kg，要抬高到 $s = 10$ m 的地方。抬起物體時，必要的力量大小為 $F = mg$。故所求的功可由 $Fs = mgs$ 計算出來。

$$Fs = mgs$$
$$= 50\,\text{kg} \times 9.8\,\text{m/s}^2 \times 10\,\text{m}$$
$$= 50 \times \text{kg} \times 9.8 \times \frac{\text{m}}{\text{s}^2} \times 10 \times \text{m}$$
$$= 50 \times 9.8 \times 10 \times \frac{\text{kg} \times \text{m} \times \text{m}}{\text{s}^2}$$
$$= 4900\,\text{kg} \cdot \text{m}^2/\text{s}^2$$
$$= 4900\,\text{J}$$

答： 4900 J

● 問題 5-3（交通安全）

① 「以 100 km/h 的速度奔馳，質量為 1000 kg 的汽車擁有的動能」是「以 100 km/h 的速度飛行，質量為 100 g 的球擁有的動能」的幾倍？

② 以 25 km/h 的速度奔馳的汽車，加速到了 100 km/h。請問動能變成了幾倍？

■ 解答 5-3

① 汽車與球的速率相等，故動能比等於質量比。汽車為 1000 kg，球為 100 g，質量相差 10000 倍。故動能也相差 10000 倍。

答：10000 倍

②由於汽車的質量不會改變，所以動能會與速率的平方成正比。速度從 25 km/h 增加到 100 km/h，變為 4 倍，故動能會變為 $4^2 = 16$ 倍。

答：16 倍

●問題 5-4（功與力學能）

對靜止質點 m 施加垂直向上且大小固定的力 F，將質點從高度為 0 的地方提升到高度為 h 後，質點的速度為 v，方向為垂直往上。試證明力 F 對質點作的功，等於質點增加的力學能。

■解答 5-4

　　這個質點共受到兩個力的作用，包括垂直向上、大小為 F 的力，以及垂直向下、大小為 mg 的力（g 為重力加速度）。假設這個質點的加速度為 a，那麼由牛頓的運動方程式可以知道以下等式成立。

$$\underbrace{F - mg}_{\text{作用在質點上的合力}} = ma$$

故質點的加速度為

$$a = \frac{F - mg}{m} \cdots\cdots ①$$

是一個定值，質點為等加速度運動。設質點高度為 0 時，時間為 0；高度升高到 h 時，時間為 t，那麼以下等式成立。

$$\begin{cases} v = at & \cdots\cdots ② \\ h = \frac{1}{2}at^2 & \cdots\cdots ③ \end{cases}$$

由②可以知道 $t = \dfrac{v}{a}$，代入③再整理後可以得到

$$ha = \frac{1}{2}v^2$$

將①代入後可得到

$$h\frac{F - mg}{m} = \frac{1}{2}v^2$$

接著兩邊同乘上 m，整理後可以得到以下等式。

$$Fh = \frac{1}{2}mv^2 + mgh$$

等號左邊的 Fh 為力 F 對質點作的功，等號右邊的 $\dfrac{1}{2}mv^2 + mgh$ 是質點增加的力學能。

　　（證明結束）

●問題 5-5（地球表面的脱離速度）

請實際計算出 p.251 中提到的「地球表面的脱離速度」（第二宇宙速度）V。

$$V = \sqrt{\frac{2GM}{R}}$$

各常數數值如下所示，計算結果以兩位有效數字的形式回答，譬如 9.9×10^n m/s。

- G 為萬有引力常數，$G = 6.67 \times 10^{-11}$ N・m²/kg²
- M 為地球質量，$M = 5.97 \times 10^{24}$ kg
- R 為地球半徑，$R = 6.38 \times 10^6$ m

■解答 5-5

換算單位時，使用 1 N = 1 kg・m/s² 的關係式。

$$V = \sqrt{\frac{2GM}{R}}$$

$$= \sqrt{\frac{2 \times (6.67 \times 10^{-11} \times N \times m^2/kg^2) \times (5.97 \times 10^{24} \times kg)}{6.38 \times 10^6 \times m}}$$

$$= \sqrt{\frac{2 \times 6.67 \times 5.97}{6.38} \times 10^{-11+24-6} \times \frac{kg \times m}{s^2} \times \frac{m^2}{kg^2} \times \frac{kg}{m}}$$

$$= 1.11 \times 10^4 \text{ m/s} \quad （四捨五入）$$

答：$V = 1.1 \times 10^4$ m/s

補充

地球表面的脫離速度約為 11 km/s，換算成時速時約為 39600 km/h。地球周長約為 40000 km，故以這樣的速度繞著地球轉時，只要約 1 小時，就能繞地球一周。

●問題 5-6（動量守恆定律）

假設太空中有兩個質點 1、2，兩質點的質量分別為 m_1、m_2，速度分別為 v_1、v_2。

- 設質點 2 對質點 1 施加的作用力為 F_1，
- 設質點 1 對質點 2 施加的作用力為 F_2。

除了 F_1 與 F_2 之外，無其他力作用在這兩個質點上，且兩質點僅在一條直線上運動。試證明以下物理量

$$m_1v_1 + m_2v_2$$

不會隨著時間改變，為守恆量。

提示：

第三運動定律（作用力與反作用力定律）

質點 A 對質點 B 施力時，質點 A 也會受到來自質點 B 的施力，兩者大小相同，方向相反。

■解答 5-6

欲證明 $m_1v_1 + m_2v_2$ 為不隨時間改變的守恆量，須說明它對時間微分後會得到 0。

$$\frac{\mathrm{d}}{\mathrm{d}t}(m_1 v_1 + m_2 v_2) = \frac{\mathrm{d}}{\mathrm{d}t}(m_1 v_1) + \frac{\mathrm{d}}{\mathrm{d}t}(m_2 v_2)$$

$$= m_1 \left(\frac{\mathrm{d}}{\mathrm{d}t} v_1\right) + m_2 \left(\frac{\mathrm{d}}{\mathrm{d}t} v_2\right)$$

令 $a_1 = \dfrac{d}{dt} v_1$、$a_2 = \dfrac{d}{dt} v_2$，繼續計算。

$$= m_1 a_1 + m_2 a_2$$
$$= F_1 + F_2 \quad （由牛頓運動方程式）$$

不過，由作用力與反作用力定律可以知道 $F_1 = - F_2$ 等式成立，故 $F_1 + F_2 = 0$，以下等式成立。

$$\frac{\mathrm{d}}{\mathrm{d}t}(m_1 v_1 + m_2 v_2) = 0$$

故

$$m_1 v_1 + m_2 v_2$$

這個物理量不隨時間改變，為守恆量。

（證明結束）

補充

問題 5-6 中登場的物理量叫做動量。換言之

- $m_1 v_1$ 為質點 1 的動量
- $m_2 v_2$ 為質點 2 的動量

由多個質點構成的系統，稱做**質點系統**。從解答 5-6 可以知道，在沒有外力（來自質點系統以外的力）作用下，兩個在直線上運動的質點所構成的質點系統，其動量總和

$$m_1 v_1 + m_2 v_2$$

保持固定，不會隨著時間改變。

這個規則在一般化後，可以得到以下定律，稱做**動量守恆定律**。

動量守恆定律

由 n 個質點構成的質點系統中，設質點 k 的質量為 m_k，速度為 $\vec{v}_k$（$k = 1 、 2 、 3 、 \cdots 、 n$）。沒有外力作用在這個質點系統上時，質點系統擁有的動量總和

$$m_1 \vec{v}_1 + m_2 \vec{v}_2 + m_3 \vec{v}_3 + \cdots + m_n \vec{v}_n$$

保持固定，不隨時間改變，稱做動量守恆定律。

給想多思考一點的你

　　除了本書的數學＆物理雜談外，為了「想多思考一些」的你，我們特別準備了一些研究問題。本書中不會寫出答案，且答案可能不只一個。

　　請試著獨自研究，或者找其他有興趣的夥伴，一起思考這些問題吧。

第 1 章　丟球

●研究問題 1-X1（物體的運動）

請試著運用各種攝影器材，拍攝各種物體運動的影片吧。

●研究問題 1-X2（變化的物理量）

設有個物理量 x 會隨著時間 t 改變，且 a、b、c 為常數。若我們想確認以下關係式是否成立，並求出這些常數的數值，該怎麼做呢？

① $x = at + b$

② $x = at^2 + bt + c$

③ $x = at^b$

④ $x = a^{bt}$

第 2 章　牛頓運動方程式

●研究問題 2-X1（速度的方向）

球被拋出後，「速度的方向」恆與「以球為切點之切線方向」一致。試證明這件事。

※某些不存在切線的點不列入考慮，譬如垂直上拋時的最高點。

●研究問題 2-X2（飛得最遠的角度）

若希望能將球拋得越遠越好，那麼應該要以什麼角度拋球呢？假設初速大小固定。

●研究問題 2-X3（積分與面積）

第 2 章（p.90-97）中，我與由梨運用正的面積與負的面積計算結果時，是在默認不等式 $t \geq \heartsuit$ 的前提下進行的。請用圖形確認，$0 \leq t < \heartsuit$ 時，質點在時間 t 時於 y 方向上的位置是否也能表示成以下式子。

$$y(t) = -\frac{F}{2m}t^2 + v_y(0)t$$

第 3 章　萬有引力定律

●研究問題 3-X1（地球與球）

地球與球之間有吸引力作用。由萬有引力定律可以知道「地球吸引球的力」與「球吸引地球的力」大小相同。不過，兩者吸引彼此時，我們會視為「球落到地球上」，而非「地球落到球上」，為什麼呢？

●研究問題 3-X2（沒有窗戶的物理實驗室）

你醒過來的時候，正身處於一個沒有窗戶的物理實驗室。因為沒有窗戶，所以無法直接看到外面的狀況。假設你可以任意使用物理實驗室內的各種實驗器材，那麼你能回答以下問題嗎？

- 物理實驗室處於靜止狀態嗎？
- 物理實驗室正在進行等速度運動嗎？
- 物理實驗室正在進行等加速度運動嗎？
- 物理實驗室正在進行圓周運動嗎？
- 物理實驗室在地球上、月球上，還是在其他地方呢？

●研究問題 3-X3（未知星體的質量）

你醒過來的時候，你的火箭已經降落在某個未知星體上。已知萬有引力常數 G，那麼還要再知道什麼資料，才能求出該星球的質量呢？另外，請試著用這種方法來計算「地球的質量」。

第4章　力學能守恆定律

●研究問題 4-X1（終端速度）

第 4 章中，僅受重力作用的物體在運動過程中，力學能守恆定律成立，動能最小時，位能最大。我們用了這個性質來算出球被拋出後可以到達的最大高度（p.170）。在物體掉下來的過程中，不管高度減少多少，重力位能都不會達到最小值。所以理論上，受重力吸引而掉落的物體掉落得越多，動能就應該要越大才對。但是，原本在積雨雲內的雨滴掉落下來，抵達地面附近時，幾乎已為等速度運動[*1]。為什麼會這樣呢？

●研究問題 4-X2（可微分性）

第 4 章中，我們運用「對時間微分的結果等於 0」來證明力學能守恆定律。不過在數學領域中，要對某個函數微分時，必須先分析該函數是否能被微分。那麼，表示力學能的式子可以被微分嗎？

[*1] 此時的速度叫做終端速度。

第 5 章　飛出宇宙

●研究問題 5-X1（脫離地球表面所需要的動能）

第 5 章中，我們計算出了脫離地球表面時需要的速度（第二宇宙速度）。請以此為依據，計算與你相同質量的物體脫離地球表面時需要多少動能。

●研究問題 5-X2（「發現」動量守恆定律）

第 5 章的問題 5-6 中，給定了 $m_1 v_1 + m_2 v_2$ 這個式子，並以此說明動量守恆定律（p.334）。請試著不要以這個式子為起點，而是將牛頓運動方程式對時間積分，然後推導出動量守恆定律。

後記

您好，我是結城浩。

感謝您閱讀《數學女孩物理筆記：牛頓力學》。

本書介紹了牛頓運動方程式、加速度定律、萬有引力定律、力學能守恆定律、克卜勒定律，並整理了牛頓力學中，數學與物理學的關係。

在 1665 年到 1666 年，牛頓為了躲避在倫敦大流行的鼠疫而回到故鄉，並在故鄉研究微分法的前身「流數法」，有了萬有引力的發想，還進行了光學實驗。他在短短一年半內做了許多工作，所以這段期間也被稱做「驚奇的一年」。

物理學領域中，我們透過實驗與觀察，探索我們生存的宇宙，並用數學幫助我們的研究，是一門有趣又讓人興奮的學問。做為本書主題的牛頓力學，就相當於物理學的入口。

本書在說明物理學定律時，多次用到了數學推導。由書中的介紹應該不難明白，物理學中各式各樣的概念絕非彼此獨立的存在，而是在數學上有密切的關連。如果你也能像由梨、蒂蒂、米爾迦，以及「我」一起享受書中的樂趣，那就太棒了。

本書是將ケイクス（cakes）網站上，《數學女孩祕密筆記》第 271 回至第 280 回的連載重新編輯後的作品。因為其中包含了許多物理學的內容，故我們整理成了《數學女孩物理筆記》這個新系列。

至此，我們已有三個系列的書籍。

- 《**數學女孩物理筆記**》系列，是以平易近人的物理學為題材，用對話形式寫成的故事。
- 《**數學女孩秘密筆記**》系列，是以平易近人的數學為題材，用對話形式寫成的故事。
- 《**數學女孩**》系列，是以更廣泛、更深入的數學知識為題材寫成的故事。

不論是哪個系列，都是幾名國中生或高中生之間的數學雜談＆物理學雜談。歡迎您多多支持。

本書使用 $\mathrm{L\kern-.36em\raise.3ex\hbox{\small A}\kern-.15em T\kern-.1667em\lower.7ex\hbox{E}\kern-.125emX}2_\varepsilon$ 及 Euler 字型（AMS Euler）排版。排版過程中參考了由奧村晴彥老師寫作的《$\mathrm{L\kern-.36em\raise.3ex\hbox{\small A}\kern-.15em T\kern-.1667em\lower.7ex\hbox{E}\kern-.125emX}2_\varepsilon$ 美文書作成入門》，書中的作圖則使用了 OmniGraffle、TikZ、TEX2img 等軟體完成。在此表示感謝。

感謝下列名單中的各位，以及許多不願具名的人們，在寫作本書時幫忙檢查原稿，並提供了寶貴意見。當然，本書內容若有錯誤皆為筆者之疏失，並非他們的責任。

安福智明、井川悠佑、池島將司、石井雄二、
石宇哲也、稻葉一浩、上原隆平、植松彌公、
大畑良太、岡內孝介、梶田淳平、郡茉友子、
杉田和正、田中健二、中山琢、平田敦、
藤田博司、梵天寬鬆（medaka-college）、
前野昌弘、前原正英、增田菜美、松森至宏、

三國瑤介、村井建、森木達也、矢島治臣、
山田泰樹。

感謝一直以來負責《數學女孩秘密筆記》與《數學女孩》
兩個系列之編輯工作的 SB Creative 野澤喜美男主編。
感謝所有在寫作本書時支持我的讀者們。
感謝我最愛的妻子和兒子們。
感謝您閱讀本書到最後。
那麼，我們就在下一本書中見面吧！

結城浩

參考文獻與延伸閱讀

> 劈柴時的斧頭要瞄準底座。
> 不能瞄準柴薪。
> 要想像斧頭穿過柴薪，勢如破竹，直達底座。
> ——Annie Dillard, "The Writing Life"

相關讀物

[1] 朝永振一郎，《物理学とは何だろうか（上）》，岩波書店，ISBN978-4-00-420085-7，1979 年。

　　追溯歷史之流，描繪出「所謂的物理學」的讀物。（與本書相關的話題包含有克卜勒定律、來自伽利略的牛頓第一運動定律、來自牛頓的萬有引力法則等）

[2] Albert Einstein、Leopold Infeld 著，吳鴻 譯，《物理之演進》，臺灣商務，ISBN 9789570517613，2002 年。

　　人類如何建構出解釋自然界現象的觀念呢？本書用平易近人的方式描繪出人類建構這些觀念的過程。

傳記

[3] Voelkel，James R.著，《Johannes Kepler: And the New Astronomy》，1999 年。

　　是描寫克卜勒與第谷・布拉赫、伽利略・伽利萊有關，發現克卜勒法則情況的簡潔傳記。

[4]　James MacLachlan 著，《Galileo Galilei: First Physicist》，1999 年。

　　　描寫伽利略‧伽利萊進行實驗與觀測、研究運動模樣的簡潔傳記。

[5]　《Isaac Newton: And the Scientific Revolution》，1996 年。

　　　描寫受到伽利略‧伽利萊影響的牛頓學習數學，發現微積分學、牛頓運動定律、萬有引力法則模樣的簡潔傳記。

數學女孩秘密筆記

[6]　結城浩 著，衛宮紘 譯，《數學女孩秘密筆記：微分篇》，世茂，ISBN9789869317870，2016 年。

　　　從點的位置與速度開始講起，一邊實際計算，一邊學習微分的書。（與本書有關的部分包括位置、速度、加速度、合成函數的微分等）

[7]　結城浩 著，衛宮紘 譯，《數學女孩秘密筆記：積分篇》，世茂，ISBN9789578799257，2018 年。

　　　從速度、距離等日常生活中的例子學習積分的書。（與本書有關的部分包括位置、速度、加速度等）

[8]　結城浩 著，陳朕疆 譯，《數學女孩秘密筆記：向量篇》，世茂，ISBN9789869425117，2017 年。

　　　透過大量的圖與實例，學習向量的書。（與本書有關的部分包括力的平衡、力的合成、作用力與反作用力定律、向量和、差、內積等）

[9]　結城浩 著，陳朕疆 譯，《數學女孩秘密筆記：圓圓的三角函數篇》，世茂，ISBN9789865779955，2015 年。

　　　從基礎開始學習 cos、sin 等三角函數的書。（與本書

有關的部分包括 cos 與 sin 的定義、三角函數與直角三角形的關係、向量的基礎等）

教科書、參考書

[10] 波利亞 著，蔡坤憲 譯，《怎樣解題》，天下文化，ISBN9789864177240，2018 年。

以數學教育為例，說明如何解決問題的參考書。書中提到了許多在解決問題時需要的《設問》與《提醒》，譬如《哪些東西未知》《給定了哪些東西》《改變定義》《結果可以驗證嗎》等。

[11] 國友正何等人，『改訂版物理』，數研出版，2020 年。

[12] 國友正和等人，『改訂版高等学校物理』，數研出版，2007 年。

[13] 三蒲登等人，『改訂 物理』，東京書籍株式会社，2020 年。

[14] 山本明利+左巻健男編著，『新しい高校物理の教科書』，講談社，ISBN978-4-06-257509-6，2006 年。

不拘泥於教科書檢定的框架，是重視物理學故事性的教科書。（與本書相關的話題包含有力、牛頓運動定律、工與能量、力學能守恆定律）

[15] 吉田武，『虚数の情緒——中学生からの全方位独学法』，東海大学出版会，ISBN978-4-486-01485-0，2000 年。

以數學與物理為主，是一部不厭其煩從基礎開始學習的巨作。在「第 II 部 振り子の科学」中，有談論到牛頓力學。（與本書相關的話題包含有伽利略的實驗、牛頓運動定律、力學能守恆定律等）

[16] 前野昌弘，『よくわかる初等力学』，東京圖書，ISBN9784-489-02149-7，2013 年。

從力的平衡，寫到牛頓運動定律、三者的守恆定律（運動量、力學能、角動量）、振動、萬有引力等的教科書。連初學者容易誤解的部分也詳細解說。在「11.1.4 逆自乘則の性質」中，於思考萬有引力之際，解說了把地球全體看成一個質點的原因。（全書都有參考）

[17] 江澤洋，『力学－高校生・大学生のために』，日本評論社，ISBN978-4-535-78501-4，2005 年。

從力平衡開始，是一本不急著往後說而是仔細學習力學的參考書。（參考了關於運動的獨立性、線積分、準靜態過程的操作）

[18] 江澤洋，『物理は自由だ[1] 力学 改訂版』，日本評論社，ISBN978-4-535-60806-1，2004 年。

是不受教科書及課程框架所束縛地去學物理的參考書。書後的「來自讀者的信，作者的回覆」是非常有趣的文章。（本書全都有參考）

[19] 砂川重信，『力学の考え方 物理の考え方1』，岩波書店，ISBN978-4-00-007891-7，1993 年。

寫到關於天動說與地動說、牛頓運動定律、萬有引力、能量守恆定律、角動量守恆定律、多粒子系力學、連續介質力學、分析力學的書。也會接觸到歷史背景，將定律之間的相互關係寫得非常好懂。（全書都有參考）

[20] 理查・費曼 著，師明睿、田靜如、高涌泉 譯，《費曼物理學講義 I》，天下文化，ISBN 9789864794249，2019 年。

讀起來十分平易近人的教科書，就像是在與作者對話一樣。雖然內容較複雜，卻可將數學式控制在極低的數量。另外，英語版可在網站上閱讀[*1]。（本書多處內容的參考）

[21] 原島鮮，『力学（三訂版）』，裳華房，ISBN978-4-7853-2020-1，2018 年（第 66 版）。

力學的教科書。（參考了力學能量守恆定律推斷的相關部分）

歷史性文書

[22] 艾薩克・牛頓著，王克迪譯，《自然哲學之數學原理》「第一卷 物體的運動」，大塊文化，ISBN 9789862139646，2019 年。

牛頓主要著作的第一篇。除了描述運動定律之外，也說明了物體的各種運動。

[23] 艾薩克・牛頓著，王克迪譯，《自然哲學之數學原理》「第三卷宇宙體系」，大塊文化，ISBN 9789862139646，2019 年。

牛頓主要著作的第三篇。從運動定律等科學性原理開始，提到萬有引力定律、木星衛星的運動、推導到地球與月球的運動。

[24] 伽利略・伽利萊著，戈革譯，《關於兩門新科學的對話》，大塊文化，ISBN9789862139622，2019 年。
以三人對話的形式，首次以科學方式討論物體運動的歷史性文書。

[25] 同[24]

[26] 伽利略・伽利萊著，《試金者》（*Il Saggiatore*），1623 年。

資料

[27] 國立天文台編，『理科年表 2021』，丸善出版 ISBN9784-621-30560-7，2020 年。
（參考了關於地球赤道半徑、重力加速度、萬有引力常數等各種常數值及單位）

索引

英文、數字

x 軸　19
y 軸　19

二劃

力　34
力學能　159
力學能守恆定律　159

四劃

內積　218、272
分量　65、217
太空站　48
尤金・維格納　ix
月球　48
牛頓　104

五劃

加速度　11、51、54
加速度定律　46、266
功　200、220、225、226
功能原理　211
外力　336
失重狀態　48
平均速度　38
正向力　299
由梨　iv

六劃

向量　120、218、271
合力　299
因次　149
因次分析　149
地球　48
米爾迦　iv
自然長度　241
艾薩克・牛頓爵士　x、34

七劃

位能　156、215、233、244、
　　248
伽利略・伽利萊　x、5
作用力與反作用力定律　257、
　　266
克卜勒定律　265
克卜勒第一定律　261
克卜勒第二定律　262
克卜勒第三定律　264
吸引力　301
我　iv
角速度　269

八劃

虎克定律　241
初速　79

九劃

保守力　226
指南針　301
約翰尼斯・克卜勒　x、260
重力加速度　111、227
重量　49

十劃

剛體　213
原點　19
配方　142

十一劃

動能　154
動量守恆定律　336、343
動摩擦力　228
張力　300
排斥力　301
第一運動定律（慣性定律）
　　266
第二宇宙速度　249、343
第二運動定律（加速度定律）
　　46、266
第三運動定律（作用力與反作
　　用力定律）　257、266
第谷・布拉赫　260
終端速度　342
脫離速度　249、343
連單位一起計算　281
連鎖律　175
速度　9、38、51、53

十二劃

最小平方法　292
焦耳　254
無窮遠點　247
等加速度運動　27、28、83
等速率圓周運動　268

十三劃

準靜態　196
瑞谷老師　iv
萬有引力　228
萬有引力定律　115、266
蒂蒂　iv
運動方程式　36、45、266
電荷　301

十四劃

慣性定律　266
槓桿　211
磁力　301

十五劃

數學式是語言　34
彈性力　243
熱能　229
線積分　224
質量　49
質點　22
質點系統　336

十六劃

橢圓　261
積分　57、124、221、343

靜電力　301

頻閃　23

十七劃

瞬時速度　38

聲能　229

國家圖書館出版品預行編目（CIP）資料

數學女孩物理筆記：牛頓力學 / 結城浩作；陳朕
疆譯. -- 初版. -- 新北市：世茂出版有限公司，
2023.02
　　面；　公分. --（數學館；43）
　　ISBN 978-626-7172-11-7（平裝）

　1.CST: 力學　2.CST: 通俗作品

332　　　　　　　　　　　　　　111018675

數學館 43

數學女孩物理筆記：牛頓力學

作　　　者／結城浩
審　　　訂／朱士維、李荐軒
譯　　　者／陳朕疆
主　　　編／楊鈺儀
責任編輯／陳美靜
封面設計／林芷伊
出 版 者／世茂出版有限公司
地　　　址／（231）新北市新店區民生路 19 號 5 樓
電　　　話／（02）2218-3277
傳　　　真／（02）2218-3239（訂書專線）
劃撥帳號／19911841
戶　　　名／世茂出版有限公司　單次郵購總金額未滿 500 元（含），請加 80 元掛號費
世茂網站／www.coolbooks.com.tw
排版製版／辰皓國際出版製作有限公司
印　　　刷／世和彩色印刷有限公司
初版一刷／2023 年 2 月

Ｉ Ｓ Ｂ Ｎ／978-626-7172-11-7
定　　　價／450 元

SUGAKU GIRL NO BUTSURI NOTE / NEWTON RIKIGAKU
Copyright © 2021 HIROSHI YUKI
All rights reserved.
Originally published in Japan in 2021 by SB Creative Corp.
Traditional Chinese translation rights arranged with SB Creative Corp. through AMANN
CO., LTD.